高等院校美术·设计
专业系列教材

宝玉石基础

JADE STONE FOUNDATION

帅斌

林钰源 总主编

王健行 编著

SPM
南方传媒 岭南美术出版社

中国·广州

图书在版编目（CIP）数据

宝玉石基础 / 帅斌，林钰源总主编；王健行编著.—
广州：岭南美术出版社，2023.2
大匠：高等院校美术·设计专业系列教材
ISBN 978-7-5362-7485-3

Ⅰ.①宝…　Ⅱ.①帅…　②林…　③王…　Ⅲ.①宝石—
设计—高等学校—教材②玉石—设计—高等学校—教材
Ⅳ.①TS933.3

中国版本图书馆CIP数据核字(2022)第073095号

出 版 人：刘子如
策　　划：刘向上　李国正
责任编辑：郭海燕　王效云
责任技编：谢　芸
责任校对：钟　怡
装帧设计：黄明珊　罗　靖　黄金梅
　　　　　朱林森　黄乙航　盖煜坤
　　　　　徐效羽　郭恩琪　石梓洳
　　　　　邹　晴
　　　　　友间文化

宝玉石基础
BAOYU SHI JICHU

出版、总发行：岭南美术出版社（网址：www.lnysw.net）
　　　　　　（广州市天河区海安路19号14楼　邮编：510627）
经　　销：全国新华书店
印　　刷：东莞市翔盈印务有限公司
版　　次：2023年2月第1版
印　　次：2023年2月第1次印刷
开　　本：889 mm×1194 mm　1/16
印　　张：9.5
字　　数：238千字
印　　数：1—2000册
ISBN 978-7-5362-7485-3
定　　价：58.00元

《大匠——高等院校美术·设计专业系列教材》

编委会

◆ **总主编**：帅　斌　林钰源

◆ **编　　委**：
何　锐	佟景贵	金　海	张　良	董大维	杨世儒
向　东	袁塔拉	曹宇培	杨晓旗	程新浩	何新闻
曾智林	刘颖悟	尚　华	李绪洪	卢小根	钟香炜
杨中华	张湘晖	谢　礼	韩朝晖	邓中云	熊应军
贺锋林	陈华钢	张南岭	卢　伟	张志祥	谢恒星
陈卫平	尹康庄	杨乾明	范宝龙	孙恩乐	金　穗
梁　善	刘子如	刘向上	李国正	王效云	

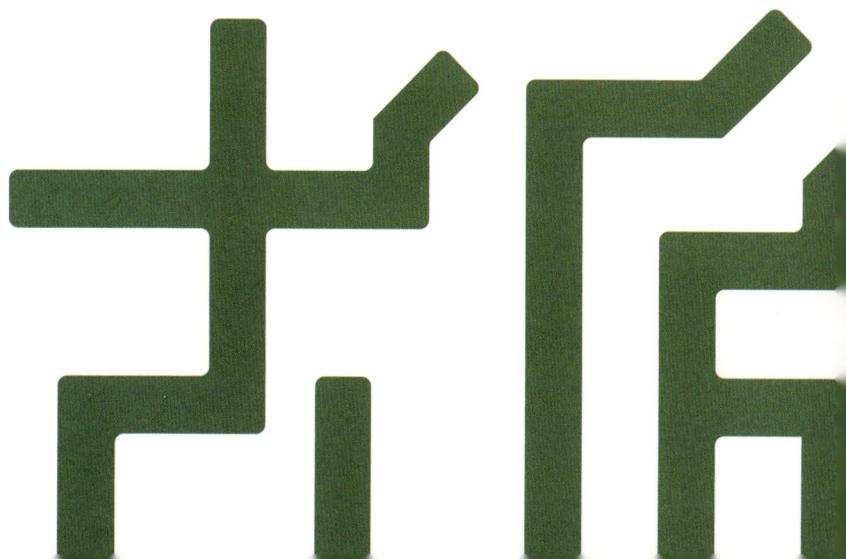

序一 『大匠』本位，设计初心

对于每一位从事设计艺术教育的人士而言，"大国工匠"这个词都不会陌生，这是设计工作者毕生的追求与向往，也是我们编写这套教材的初心与夙愿。

所谓"大匠"，必有"匠心"，但是在我们的追求中，"匠心"有两层内涵，其一是从设计艺术的专业角度看，要具备造物的精心、恒心，以及致力于在物质文化探索中推陈出新的决心。其二是从设计艺术教育的本位看，要秉承耐心、仁心，以及面对孜孜不倦的学子时那永不言弃的师心。唯有"匠心"所至，方能开出硕果。

作为一门交叉学科，设计艺术既有着自然科学的严谨规范，又有着人文社会科学的风雅内涵。然而，与其他学科相比，设计艺术最显著的特征是高度的实用性，这也赋予了设计艺术教育高度职业化的特点，小到平面海报、宣传册页，大到室内陈设与建筑构造，无不体现着设计师匠心独运的哲思与努力。而要将这些"造物"的知识和技能完整地传授给学生，就必须首先设计出一套可供反复验证并具有高度指导性的体系和标准，而系列化的教材显然是这套标准最凝练的载体。

对于设计艺术而言，系列教材的存在意义在于以一种标准化的方式将各个领域的设计知识进行系统性的归纳、整理与总结，并通过多门课程的有序组合，令其真正成为解决理论认知、指导技能实践、提高综合素养的有效手段。因此，表面上看，它以理论文本为载体，实际上却是以设计的实践和产出为目的，古人常言"见微知著"，设计知识和技能的传授同样如此。为了完成一套高水平的应用性教材的编撰工作，我们必须从每一门课程开始逐一梳理，具体问题具体分析，如此才能以点带面、汇聚成体。然而，与一般的通识性教材不同，设计类教材的编撰必须紧扣具体的设计目标，回归设计的本源，并就每一个知识点的应用性和逻辑性进行阐述。即使在讲述综合性的设计原理时，也应该以具体实践项目为案例，而这一点，也是我们在深圳职业技术学院近30年的设计教育实践中所奉行的一贯原则。

例如在阐述设计的透视问题时，不能只将视野停留在对透视原理的文字性解释上，而是要旁征博引，对透视产生的历史、来源和趋势进行较为全面的阐述，而后再辅以建筑、产品、平面设计领域中的具体问题来详加说明，这样学生就不会只在教材中学到单一枯燥的理论知识，而是能通过恰当的案例和具有拓展性的解释进一步认识到知识的应用场景。如果此时导入适宜的习题，将会令他们得到进一步的技能训练，并有可能启发他们举一反三，联想到自己在未来职业生涯中可能面对的种种专业问题。我们坚持这样的编写方式，是因为我们在学校的实际教学中正是以"项目化"为引领去开展每一个环节及任务点的具体设计的。无论是课程思政建设还是金课建设，均是如此。而这种教学方式的形成完全是基于对设计教育职业化及其科学发展规律的高度尊重。

提到发展规律问题，就不能绕过设计艺术学科的细分问题，随着今天设计艺术教育的日趋成熟，设计正表现出越来越细的专业分类，未来必定还会呈现出进一步的细分。因此，我希望我们这套教材的编写也能够遵循这种客观规律，紧跟行业动态发展趋势，并根据市场的人才需求开发出越来越多对应的新型课程，编写更多有效、完备、新颖的配套教材，以帮助学生们在日趋激烈的就业环境中展现自身的价值，帮助他们无缝对接各种类型的优质企业。

职业教育有着非常具体的人才培养定位，所有的课程、专业设置都应该与市场需求相衔接。这些年来，我们一直在围绕这个核心而努力。由于深圳职业技术学院位处深圳，而深圳作为设计之都，有着较为完备的设计产业及较为广泛的人才需求，因此我们学院始终坚持着将设计教育办到城市产业增长点上的宗旨，努力实现人才培养与城市发展的高度匹配。当然，做到这种程度非常不容易，无论是课程的开发，还是某门课程的教材编写，都不是一蹴而就的。但是我相信通过任课教师们的深耕细作，随着这套教材的不断更新、拓展及应用，我们一定会有所收获，为师者若要以"大匠"为目标，必然要经过长年累月的教学积累与潜心投入。

历史已经充分证明了设计教育对国家综合实力的促进作用，设计对今天的世界而言是一种不可替代的生产力。作为世界第一的制造业大国，我国的设计产业正在以前所未有的速度向前迈进，国家自主设计、研发的手机、汽车、高铁等早已声名在外，它们反映了我国在科技创新方面日益增强的国际竞争力，这些标志性设计不但为我国的经济建设做出了重要贡献，还不断地输出着中国文化、中国内涵，令全世界可以通过实实在在的物质载体认识中国、了解中国。但是，我们也应该看到，为了保持这种积极的创造活力，实现具有可持续性的设计产业发展，最终实现从"中国制造"向"中国智造"的转型升级，令"中国设计"屹立于世界设计之林，就必须依托于高水平设计人才源源不断的培养和输送，这样光荣且具有挑战性的使命，作为一线教师，我们义不容辞。

"大匠"是我们这套教材的立身本位，为人民服务是我们永不忘怀的设计初心。我们正是带着这种信念，投入每一册教材的精心编写之中。欢迎来自各个领域的设计专家、教育工作者批评指正，并由衷希望与大家共同成长，为中国设计教育的未来做出更多贡献！

帅 斌

深圳职业技术学院教授、艺术设计学院院长

2022年5月12日

序二 致敬工匠

能否"造物"，无疑是人与其他动物之间最大的区别。人能"造物"而没有别的动物能"造物"。目前我们看到的人类留下的所有文化遗产几乎都是人类的"造物"结果。"造物"从远古到现代都离不开"工匠"。"工匠"正是这些"造物"的主人。"造物"拉开了人与其他动物的距离。人在"造物"之时，需要思考"造物"所要满足的需求，和满足这些需求的具体可行性方案，这就是人类的设计活动。在"造物"的过程中，为了能够更好地体现工匠的"匠意"，往往要求工匠心中要有解决问题的巧思——"意匠"。这个过程需要精准找到解决问题的点子和具体可行的加工工艺方法，以及娴熟驾驭具体加工工艺的高超技艺，才能达成解决问题满足需求的目标。这个过程需要选择合适的材料，需要根据材料进行构思，需要根据构思进行必要的加工。古代工匠早就懂得因需选材，因材造意，因意施艺。优秀的工匠在解决问题的时候往往匠心独运，表现出高超技艺，从而获得人们的敬仰。

在这里，我们要向造物者——"工匠"致敬！

一、编写"大匠"系列教材的初衷

2017年11月，我来到广州商学院艺术设计学院。我发现当前很多应用型高等院校设计专业所用教材要么沿用原来高职高专的教材，要么直接把学术型本科教材拿来凑合着用。这与应用型高等院校对教材的要求不相适应。因此，我萌发了编写一套应用型高等院校设计专业教材的想法。很快，这个想法得到各个兄弟院校的积极响应，也得到岭南美术出版社的大力支持，从而拉开了编写《大匠——高等院校美术·设计专业系列教材》（以下简称"大匠"系列教材）的序幕。

对中国而言，发展职业教育是一项国策。随着改革开放进一步深化和中国制造业的迅猛发展，中国制造的产品已经遍布世界各国。同时，中国的高等教育发展迅猛，但中国的职业教育却相对滞后。近年来，我国才开始重视职业教育。2014年李克强总理提到，发展现代职业教育，是转方式、调结构的战略举措。由于中国职业教育发展不够充分，使中国制造、中国装备质量还存在许多缺陷，与发达国家的高中端产品相比，仍有不小差距。"中国制造"的差距主要是职业人才的差距。要解决这个问题，就必须发展中国的职业教育。

艺术设计专业本来就是应用型专业。应用型艺术设计专业无疑属于职业教育，是中国高等职业教育的重要组成部分。

艺术设计一旦与制造业紧密结合，就可以提升一个国家的软实力。"中国制造"要向"中国智造"转变，需要中国设计。让"美"融入产品，成为产品的附加值需要艺术设计。在未来的中国品牌之路上，需要大量优秀的中国艺术设计师的参与。为了满足人民群众对美好生活的向往，需要设计师的加盟。

设计可以提升我们国家的软实力，可以实现"美是一种生产力"，有助于满足人民群众对美好生活的向往。在中国的乡村振兴中，我们看到设计发挥了应有的作用。在中国的旧改工程中，我们同样看到设计发挥了化腐朽为神奇的效用。

没有好的中国设计，就不可能有好的中国品牌。好的国货、国潮都需要好的中国设计。中国设计和中国品牌都来自中国设计师之手。培养中国自己的优秀设计人才无疑是当务之急。中国现代高等教育艺术设计人才的培养，需要全社会的共同努力。这也正是我们编写这套"大匠"系列教材的初衷。

二、冠以"大匠"，致敬"工匠精神"

这是一套应用型的美术·设计专业系列教材，之所以给这套教材冠以"大匠"之名，是因为我们高等院校艺术设计专业就是培养应用型艺术设计人才的。用传统语言表达，就是培养"工匠"。但我们不能满足于培养一般的"工匠"，我们希望培养"能工巧匠"，更希望培养出"大匠"。甚至企盼培养出能影响一个时代和引领设计潮流的"百年巨匠"，这才是中国艺术设计教育的使命和担当。

"匠"字，许慎《说文解字》称："从匚，从斤。斤，所以做器也。"匚指筐，把斧头放在筐里，就是木匠。后陶工也称"匠"，直至百工皆以"匠"称。"匠"的身份，原指工人、工奴，甚至奴隶，后指有专门技术的人，再到后来指在某一方面造诣高深的专家。由于工匠一般都从实践中走来，身怀一技之长，能根据实际情况，巧妙地解决问题，而且一丝不苟，从而受到后人的推崇和敬仰。鲁班，就是这样的人。不难看出，传统意义上的"匠"，是具有解决问题的巧妙构思和精湛技艺的专门人才。

"工匠"，不仅仅是一个工种，或是一种身份，更是一种精神，也就是人们常说的"工匠精神"。"工匠精神"在我看来，就是面对具体问题能根据丰富的生活经验积累进行具体分析的实事求是的科学态度，是解决具体问题的巧妙构思所体现出来的智慧，是掌握一手高超技艺和对技艺的精益求精的自我要求。因此，不怕面对任何难题，不怕想破脑壳，不怕磨破手皮，一心追求做到极致，而且无怨无悔——工匠身上这种"工匠精神"，是工匠获得人们敬佩的原因之所在。

《韩非子》载："刻削之道，鼻莫如大，目莫如小，鼻大可小，小不可大也。目小可大，大不可小也。"借木雕匠人的木雕实践，喻做事要留有余地，透露出"工匠精神"中也隐含着智慧。

民谚"三个臭皮匠，赛过一个诸葛亮"，也在提醒着人们在解决问题的过程中集体智慧的重要性。不难看出，"工匠精神"也包含了解决问题的智慧。

无论是"垩鼻运斤"还是"游刃有余"，都是古人对能工巧匠随心所欲的精湛技术的惊叹和褒扬。

一个民族，不可以没有优秀的艺术设计者。

人在适应自然的过程中，为了使生活方式变得更加舒适、惬意，是需要设计的。今天，在我们的生活中，设计已无处不在。

未来中国设计的水平如何，关键取决于今天中国的设计教育，它决定了中国未来的设计人员队伍的整体素质和水平。这也是我们编写这套"大匠"系列教材的动力。

三、"大匠"系列教材的基本情况和特色

"大匠"系列教材，明确定位为"培养新时代应用型高等艺术设计专业人才"的教材。

教材编写既着眼于时代社会发展对设计的要求，紧跟当前人才市场对设计人才的需求，也根据生源情况量身定制。教材对课程的覆盖面广，拉开了与传统学术型本科教材的距离，在突出时代性的同时，注重应用性和实战性。力求做到深入浅出，简单易学。让学生可以边看边学，边学边用。尽量朝着看完就学会，学完就能用的方向努力。"大匠"系列教材，填补了目前应用型高等艺术设计专业教材的阙如。

教材根据目前各应用型高等院校设计专业人才培养计划的课程设置来编写，基本覆盖了艺术设计专业的所有课程，包括基础课、专业必修课、专业选修课、理论课、实践课、专业主干课、专题课等。

每本教材都力求篇幅短小精练，直接以案例教学来阐述设计规律。这样既可以讲清楚设计的规律，做到深入浅出，易学易懂，也方便学生举一反三。大大压缩了教材篇幅的同时，也突出了教材的实战性。

另外，教材具有鲜明的时代性。重视课程思政，把为国育才、为党育人、立德树人放在首位，明确提出培养为人民的美好生活而设计的新时代设计人才的目标。

设计当随时代。新时代、新设计呼唤推出新教材。"大匠"系列教材正是追求适应新时代要求而编写的。重视学生现代设计素质的提升，重视处理素质培养和设计专业技能的关系，重视培养学生协同工作和人际沟通能力。致力培养学生具备东方审美眼光和国际化设计视野，培养学生对未来新生活形态有一定的预见能力。同时，使学生能快速掌握和运用更新换代的数字化工具。

因此，在教材中力求处理好学术性与实用性的关系，处理好传承优秀设计传统和时代发展需要的创新关系。既关注时代设计前沿活动，又涉猎传统设计经典案例。

在主编选择方面，我们发挥各参编院校优势和特色，发挥各自所长，力求每位主编都是所负责方面的专家。同时，该套教材首次引入企业人员参与编写。

四、鸣谢

感谢岭南美术出版社领导们对这套教材的大力支持！感谢各个参加编写教材的兄弟院校！感谢各位编委和主编！感谢对教材进行逐字逐句细心审阅的编辑们！感谢黄明珊老师设计团队为教材的形象，包括封面和版式进行了精心设计！正是你们的参与和支持，才使得这套教材能以现在的面貌出现在大家面前。谢谢！

林钰源

华南师范大学美术学院首任院长、教授、博士生导师

2022年2月20日

绪论

天然珠宝玉石是指由自然界产出，具有美观性、耐久性、稀少性，有较高工艺价值，可加工成饰品的矿物或有机物质等，分为天然宝石、天然玉石和天然有机宝石。

随着经济的发展，珠宝玉石的消费已经成为衡量一个国家经济实力、文化发展水平的标准之一。因此，宝石具有以下多种价值：

1. 宝石的商品价值。宝石从找矿、开采、加工到销售，均需付出辛勤的劳动，因此，存在一定的劳动价值。

2. 宝石的货币价值。宝石作为商品已经被人们所接受。但由于大多数宝石的资源不可再生，世界上优质的宝石资源产量越来越少。近几年，高档的珠宝玉石价格不断上涨，说明作为硬通货币贮存的趋势逐渐明显，即宝石和黄金一样，可以作为货币流通的媒介。

3. 宝石的艺术价值。自古人们用兽齿、贝壳、玛瑙串成项链，到今天琳琅满目的珠宝首饰，无不体现出人们对美的追求和向往。一件精良的珠宝首饰，不仅仅凝聚了设计师、工艺师的创作价值，更体现了其艺术价值。

因此，越来越多的人开始热衷于对珠宝玉石的投资与收藏。

目　录

1

第一章

宝石的结晶学基础

章节前导
Chapter preamble

课程重点：

大多数宝石是自然作用形成的矿物，它们具有一定的化学成分和内部结构。除了极少数例外，大部分的原子和离子相互间按一定的规则排列，并在外部表现出典型的规则形状，也有一些宝石矿物不具有这种内部有序的结构，因而也不具有规则的几何外形。

本章学习重点：

晶体与非晶体的概念。

晶体的对称与分类。

单形与聚形。

第一节　晶体与非晶体

一、晶体

晶体是具有格子构造的固体。其内部质点在三维空间做有规律的周期性重复排列。格子构造的内部质点（原子、离子或分子）做规律排列，并构成一定的几何图形晶体分类。（图1-1）

大多数的宝石矿物是自然形成的无机矿物，具有一定的化学成分和内部结构，原子或离子相互间按照一定的规则排列，并在外部体现为规则的外形。晶体可以是产自大自然的天然晶体矿物，如钻石晶体、水晶晶体等；或者是来自实验室的人工晶体，如人造钇铝榴石、合成立方氧化锆等。（图1-2、图1-3）

二、非晶体

一些矿物内部质点在三维空间上呈不规则排列，不具有格子构造的固体物质，也不具有规则的几何外形，这些称为非晶体，内部质点是呈无序状态分布的，如欧泊石、琥珀等。（图1-4）

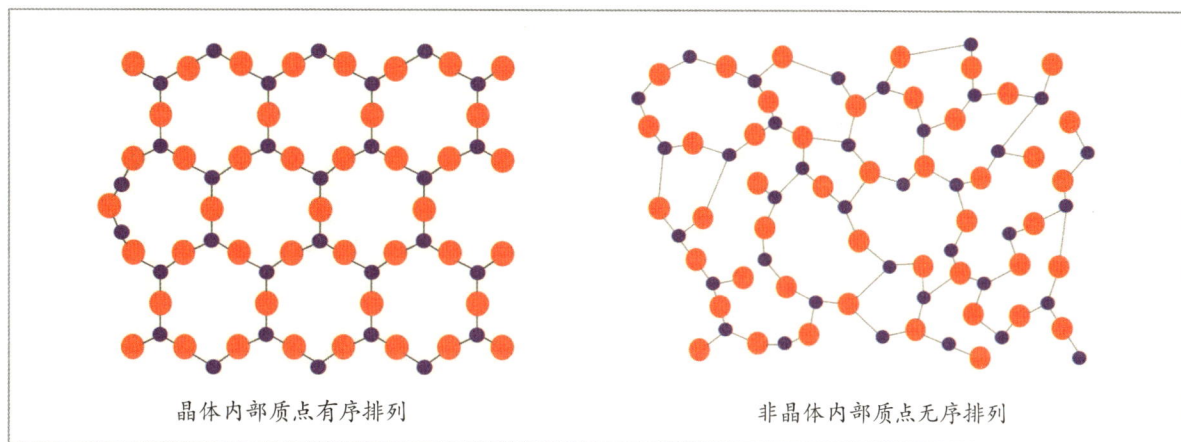

晶体内部质点有序排列　　　　　非晶体内部质点无序排列

图1-1　晶体与非晶体的内部质点排列对比图

图1-2　合成水晶的板状晶体

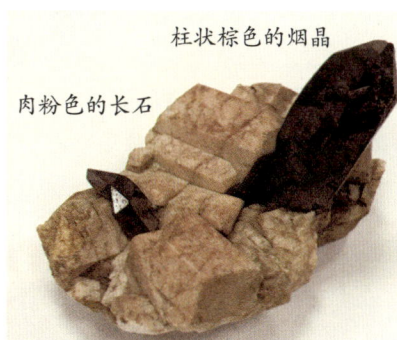

图1-3　烟晶、长石晶体共生，各自形成规则外形

图1-4　NaCl晶体结构模型，质点有规律排列

第二节　晶体的分类

对称是物体上等同部分有规律的重复。一个发育良好的晶体在晶体形态、大小和位置等方面都具有对称性。晶体的对称是由于其内部质点在不同方向上具有相同规则的排列造成的，这是晶体的格子构造本身所决定的。因此，晶体都是对称的，但不同的晶体对称排列形式是不同的。

一、晶体的对称要素

在研究对称时，为了使物体上等同部分做有规律的重复而假想出一些的几何要素（点、线、面）被称为对称要素，如对称面（P）、对称轴（L^n）、对称中心（C）、旋转反伸轴（Li^n）。

（1）对称面（P）：为一个假想的平面，晶体在平面的两侧呈镜像对称关系。（图1-5）

（2）对称轴（L^n）：为一条假想的直线，晶体的部分通过该直线旋转360°，相同的外形能重复出现2次、3次、4次、6次，这时的对称轴分别称为二次轴（L^2）、三次轴（L^3）、四次轴（L^4）、六次轴（L^6），其中二次轴为低次轴，其余为高次轴。（图1-6）

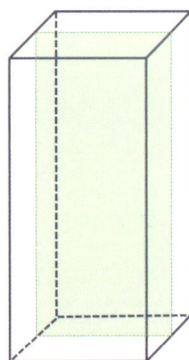

图1-5　四方柱的对称面示例图

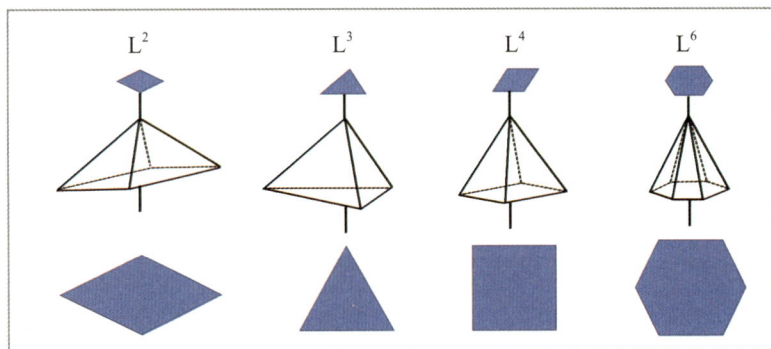

图1-6　晶体中的对称轴（图中下部的图表示垂直该轴的切面）

（3）对称中心（C）：为一个假想的点，通过该点的反伸而达到重合，距该点等距离的两端必有对应的相同部分。晶体的对称中心使其相对应的晶面成反向平行，且大小相等。晶体的对称中心只能有一个，有的晶体则没有。（图1-7）

（4）旋转反伸轴（Li^n）：是晶体中一根假想的直线，晶体围绕此直线旋转一定角度后，再对此直线上的个点进行反伸，可使晶体上相等的部分重复。其对称操作是围绕一根直线的旋转和对此直线上一个点的反伸。

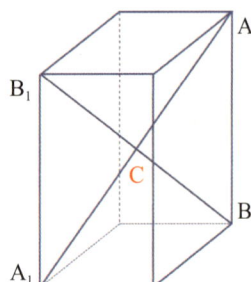

图1-7　具有对称中心的图形

二、晶体的对称与分类

根据晶体对称要素的组合特点，将晶体划分为三大晶族，即高级晶族、中级晶族和低级晶族。在各晶族中再根据对称特点划分成七大晶系，它们是高级晶族的等轴晶系，中级晶族的六方晶系、四方晶系和三方晶系，低级晶族的斜方晶系、单斜晶系和三斜晶系。（表1-1、表1-2）

表1-1　晶体的对称与分类

晶族名称	晶系名称	对称特点
高级晶族 （有数个高次轴）	等轴晶系 （或立方晶系）	有四个三次轴（$4L^3$）
中级晶族 （只有一个高次轴）	六方晶系	有一个六次轴（L^6）
	四方晶系	有一个四次轴（L^4）
	三方晶系	有一个三次轴（L^3）
低级晶族 （无高次轴）	斜方晶系	二次轴或对称面多于一个
	单斜晶系	二次轴或对称面不多于一个
	三斜晶系	无二次轴和对称面

表1-2　三大晶族、七大晶系及实例

		实例
高级 晶族	等轴晶系：尖晶石、 石榴石、钻石	
中级 晶族	六方晶系：绿柱石、 磷灰石	
	四方晶系： 方柱石、锆石	
	三方晶系：碧玺、 刚玉、水晶	

（续表）

	实例	
低级晶族	斜方晶系：橄榄石、托帕石、坦桑石	
	单斜晶系：透辉石、锂辉石	
	三斜晶系：天河石	

三、单形

由对称要素联系起来的一组晶面的总和。在理想情况下，同一单形的所有晶面应该同形等大。晶体中共有47种几何单形，其中低级晶族有7个单形，中级晶族有25个单形，高级晶族有15个单形。（表1-3 至表1-5）

表1-3 低级晶族的单形

单面	平行双面	双面（反映双面及轴双面）	斜方柱	斜方四面体	斜方单锥	斜方双锥

表1-4 中级晶族的单形

三方柱	复三方柱	四方柱	复四方柱	六方柱	复六方柱
三方单锥	复三方单锥	四方单锥	复四方单锥	六方单锥	复六方单锥

（续表）

三方双锥	复三方双锥	四方双锥	复四方双锥	六方双锥	复六方双锥
四方四面体	菱面体		复四方偏三角面体		复三方偏三角面体
左形	右形	左形	右形	左形	右形
三方偏方面体		四方偏方面体		六方偏方面体	

表1-5　高级晶族的单形

			左形	右形	
四面体	三角三四面体	四角三四面体	五角三四面体		六四面体
			左形	右形	
八面体	三角三八面体	四角三八面体	五角三八面体		六八面体
立方体	四六面体	菱形十二面体	五角十二面体	偏方复十二面体	

四、聚形

两个或两个以上的单形聚合在一起，这些单形共同圈闭的空间外形形成聚形。（图1-8）不是所有的单形都可以聚合，必须是具有相同对称性的单形才能聚合，如等轴晶系中：{111}+{100}八面体＋立方体聚合。（图1-9）

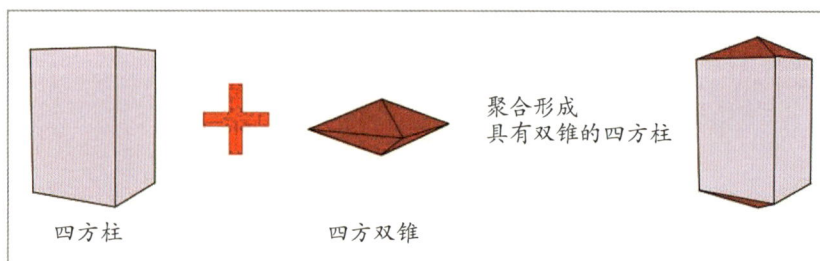

图1-8　聚形模拟图

四方柱　　　　　　　四方双锥　　　　　聚合形成
　　　　　　　　　　　　　　　　　　具有双锥的四方柱

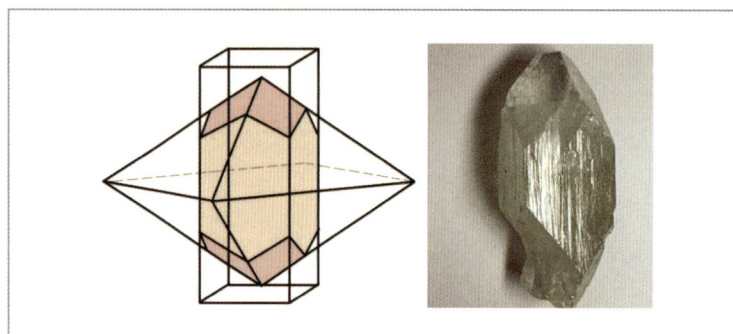

图1-9　鱼眼石晶体：四方柱和四方双锥的聚形

五、课后习题与思考

1. 简述晶体与非晶体的区别，并举例。

2. 晶体的对称要素有哪些？简述各晶系晶体对称的特点。

3. 什么是单形与聚形？

2

第二章

矿物学基础

章节前导
Chapter preamble

课程重点：

在识别矿物时，矿物的形态和物理性质由于易于鉴定而成为鉴定矿物最常用的标志。

本章学习重点：

矿物晶体的实际形态。

矿物的晶面花纹，包括晶面条纹、晶面台阶、生长丘、蚀象。

矿物的化学成分及矿物中水的存在形式。

类质同象与同质多象的概念。

矿物是指由自然界产出的，具有一定化学成分、物化性质、内部结构和晶体形态的单质或化合物。不同的矿物晶体结构不同。在一定的外界条件下，晶体总是趋向于形成某一种形态的特征，晶面上发育出不同的晶面特征，叫作晶体习性。如钻石常常形成八面体，绿柱石常呈六方柱，碧玺常呈三方柱等。

第一节　矿物晶体的实际形态

一、歪晶

实际矿物晶体由于生长条件的限制，并不会完全按理想状态生长，在晶体形貌上每个相当的面不一定大小等同，而使晶形出现偏歪的现象。歪晶虽然看上去与理想晶体有所偏差，但每个晶面的角度和方向与理想晶体是一致的。

二、平行连生

同种晶体彼此平行地连生在一起。各晶体的相同面都相互平行。

三、双晶（孪晶）

具有两个或两个以上的同种晶体按一定的对称规律形成的规则连生晶体。其中，双晶的凹角是确定双晶存在的可靠标志之一。

按双晶个体连生方式分为接触双晶、聚片双晶和穿插双晶。（表2-1）

（1）接触双晶：尖晶石和钻石常出现简单的接触双晶，锡石有时呈膝状接触双晶。（图2-1、图2-2）

（2）聚片双晶：多个片状晶体以同个双晶律连生，结合面相互平行，如钠长石聚片双晶。

（3）穿插双晶：多个双晶个体彼此以同一双晶律连生，但结合面不平行，而是以等角相交，如十字石的穿插双晶；萤石的两个立方体相互穿插形成穿插双晶；金绿宝石有时形成假六方晶体，其3个晶体生长在一起，也叫三连晶（轮式双晶）。

双晶对于宝石的光学性质（如晕彩）和力学性质（如裂理）有着很大的影响。

图2-1　尖晶石八面体规则晶体和歪晶

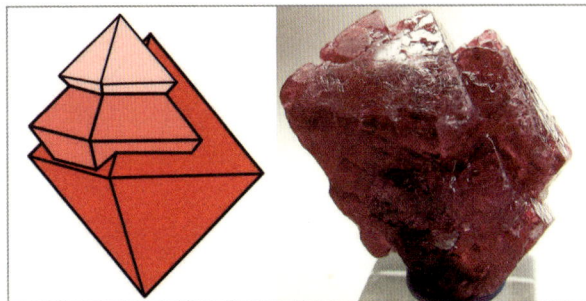

图2-2　尖晶石的平行连生

表2-1　双晶模型及实例

尖晶石的接触双晶	锡石的膝状接触双晶	方解石的接触双晶	长石的聚片双晶
十字石的穿插双晶	萤石的穿插双晶	金绿宝石的三连晶	长石的卡斯巴双晶
尖晶石的接触双晶	方解石的接触双晶	金绿宝石的三连晶	长石的卡斯巴双晶

第二节　矿物的晶面花纹

晶面花纹是晶体晶面上反映的一种微细形态，包括晶面条纹、晶面台阶、生长丘、蚀象等。

一、晶面条纹

晶面条纹是在晶面上由一系列邻接面构成的直线状条纹，也称生长条纹或聚形条纹。如碧玺出现平行柱面纵纹是由复三方柱和六方柱的聚形引起。水晶柱面上的横纹是由六方柱$\{1010\}$和菱面体$\{1011\}$、$\{0111\}$相互交替出现的结果。黄铁矿的立方体$\{100\}$及五角十二面体$\{210\}$的晶面上常可出现三组相互垂直的条纹，它是由上述两种单形的晶面交替生长所致。（图2-3）

二、晶面台阶

晶体由层生长或螺线生长机制形成，这些生长要在晶面上留下层状台阶或螺旋状台阶。比如符山石晶面上的层状生长台阶。（图2-4）

碧玺的纵纹　　水晶的横纹

图2-3　碧玺的纵纹和水晶的横纹

三、生长丘

略突出于晶面的丘状体，如水晶菱面体面上常常可见生长丘。

四、蚀象

晶面因受到酸、碱的溶蚀而在表面留下一定形状的凹坑（蚀坑），有的呈现多边形小坑。蚀象受晶面对称性控制，能准确地反映晶面对称性，进而反映晶体的对称性。（图2-5）钻石不同单形，晶面上的蚀象不同，八面体晶面倒三角形生长蚀象，立方体面上的四边形凹坑（四边形凹坑重叠形成网格状花纹）、菱形十二面体面上可见平行菱形长轴方向的纹理。（图2-6）

图2-4
符山石的晶面台阶

图2-5
水晶晶面的蚀象

图2-6
托帕石的顶端蚀象

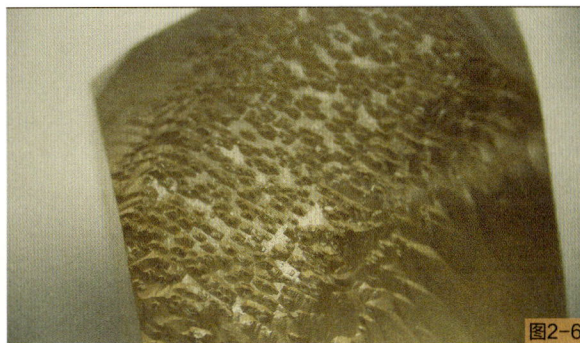

五、矿物的化学成分

（1）单质：由同种元素的原子相互结合组成。如金刚石、自然金、自然铜。

（2）化合物：由两种或两种以上不同元素以一定的化学键性组合而成的物质。如萤石、黄铁矿、方解石。（表2-2）

表2-2 主要宝石类矿物

矿物化学分类	代表宝石
单质	金刚石、自然金、自然铜等
氧化物	刚玉（红宝石、蓝宝石）、尖晶石、金绿宝石、水晶等
硅酸盐	橄榄石、绿柱石（祖母绿、海蓝宝石）、电气石（碧玺）、黄玉（托帕石）、锆石、长石、石榴石等
磷酸盐	磷灰石、绿松石等
碳酸盐	菱锰矿、孔雀石、方解石等
硼酸盐	硼铝镁石等

六、矿物中水的存在形式

（一）吸附水

不参加晶格的水，为矿物颗粒或裂隙表面、晶格孔隙中机械性吸附的中性水分子。吸附水含量不定，在温度达100℃～110℃时将逸出，但不破坏矿物晶格。吸附水的特殊类型胶体水：蛋白石（欧泊）$SiO_2 \cdot nH_2O$。胶体水作为矿物的固有成分特征而加入矿物的化学组成，但其含量变化较大，常以n个水分子表示。

（二）结晶水

以中性分子存在于矿物中，并具有固定晶格位置和数量的水分子。结晶水结构较牢固，它要从矿物中脱出需要较高的温度（不超过600℃）。如：石膏、绿松石 $[CuAl_6 (PO_4)_4 (OH)_8 \cdot 5H_2O]$ 。

（三）结构水

又称化合水，是以氢氧根（OH^-）、氢离子（H^+）、水合氢离子（H_3O^+）以离子形式参加矿物晶格的水，其中（OH^-）的形式最常见。结构水在晶格中占有固定的位置，因与其他质点连接键很强，它要逸出需要更高的温度（大约600℃～1000℃）。如：托帕石、孔雀石。

七、类质同象

矿物晶体结构中的某种质点（成分）被其他相似质点所替代，而不引起结构的明显变化的现象称为类质同象。例如常见的镁铝榴石和铁铝榴石中的镁和铁可以互相代替，形成各种镁、铁含量不同的类质同象混合物。根据晶体中一种质点被另一种质点代替的数量限度不同，类质同象可以分为以下两种类型：

（1）完全类质同象：晶体中某种质点为其他类似的质点所代替，而一种成分可被另一种成分完全代替的类质同象，可以形成一个连续的系列，如前述的镁铝榴石和铁铝榴石。再比如：橄榄石中铁和镁的完全代替，形成镁橄榄石到铁橄榄石的连续系列。

（2）不完全类质同象：晶体中相似的成分只能有部分成为类质同象，它们不能形成连续的系列。如：刚玉中部分铝被铁等代替形成蓝宝石；部分铝被铬等代替，形成红宝石。

八、同质多象

同种化学成分的矿物晶体，在不同的物理化学条件下（温度、压力、介质），形成不同结构晶体的现象。如：钻石和石墨的成分都是碳（图2-7、图2-8），金刚石形成等轴晶系、最紧密堆积八面体晶形；石墨是六方晶系的层状结构。

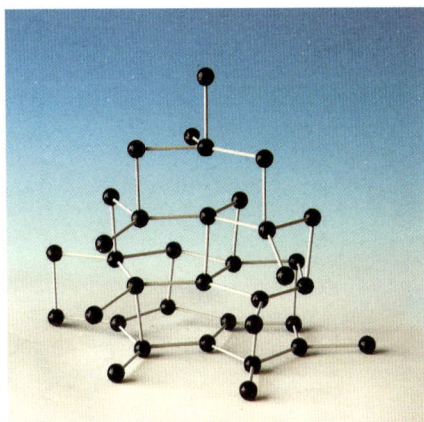

图2-7　钻石晶体结构模型

图2-8　石墨晶体结构模型

九、课后习题与思考

1. 什么是双晶？双晶有哪些类型？
2. 什么是晶面花纹？请举例说明。
3. 什么是类质同象？
4. 宝石矿物中的水有哪几种存在形式？请举例说明。

3

第三章

宝石的物理性质

章节前导
Chapter preamble

课程重点：

宝石的物理性质包括光学性质、力学性质、热学性质和电学性质等，其中光学性质和力学性质尤为重要，是我们认识宝石、鉴定宝石的基础。

本章学习重点：

宝石的光学性质，包括宝石的颜色、光泽、透明度、色散、发光性与特殊光学效应等。

宝石的力学性质，包括宝石的硬度、解理、裂理、断口、韧性与脆性、密度与相对密度等。

第一节　光学性质

一、宝石的颜色

1. 定义

宝石的颜色是由宝石矿物中组成成分对可见光线的选择性吸收而出现的颜色。

2. 颜色成因

传统宝石学将宝石呈色原因归结为宝石的化学成分（致色元素）和外部结构构造特点（假色）。

图3-1

图3-2

宝石的致色元素：绝大多数的宝石内含有导致宝石选择性吸收的某些元素，它们既可以以宝石的主要化学成分存在，也可以以微量元素的形式存在。其中最主要的致色元素有钛（Ti）、钒（V）、铬（Cr）、锰（Mn）、铁（Fe）、钴（Co）、镍（Ni）、铜（Cu）。根据致色元素在宝石成分中存在的形式分为自色宝石和他色宝石。（图3-1至图3-7）（表3-1）

（1）自色宝石：由化学成分中主要元素引起的颜色。如橄榄石的黄绿色，是由主要成分铁（Fe）元素致色。

（2）他色宝石：由化学组成中微量元素致色的矿物。如：刚玉的化学成分是Al_2O_3，化学成分纯净时，为无色；当成分中含有微量的铬（Cr）元素，形成红色，即红宝石；当成分中含有微量的铁（Fe）、钛（Ti）元素，形成蓝色，即蓝宝石。

（3）假色：由外来机械混入物引起，或由矿物的某些物理性原因造成的颜色。包括由矿物中包裹体、解理面等对入射光线产生干涉效应而产生的颜色。如日光石的赤红色、欧泊的变彩、某些高色散的宝石。

图3-1
颜色绚丽的尖晶石

图3-2
不同绿色调的翡翠吊坠

图3-3
黄绿色的橄榄石，典型的自色宝石

图3-4
红宝石，鸽血红色

图3-5
蓝宝石，皇家蓝色

图3-6
澳大利亚黑欧泊的绚丽变彩

图3-7
赤红色的日光石

图3-3

图3-4

图3-5

图3-6

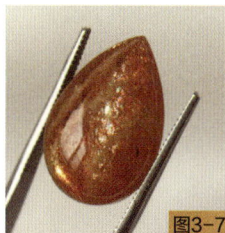
图3-7

表3-1 主要致色元素及实例

致色元素名称	元素符号	颜色	实例
钛、铁	Ti、Fe	蓝	蓝色蓝宝石
钒	V	绿或蓝，或紫	祖母绿（南非）、水钙铝榴石、坦桑石、合成变色蓝宝石
铬	Cr	绿	祖母绿、变石、绿玉髓、铬透辉石、含铬绿色碧玺、翡翠、翠榴石
		红	红宝石、红色尖晶石
锰	Mn	粉	芙蓉石、粉色碧玺、菱锰矿、蔷薇辉石
		橙	锰铝榴石
铁	Fe	蓝	蓝色蓝宝石、蓝色尖晶石、蓝色碧玺、海蓝宝石
		绿	橄榄石
		黄	黄晶、金色绿柱石、金绿宝石、黄色蓝宝石
		红	铁铝榴石、部分镁铝榴石
钴	Co	蓝	合成蓝色材料，如尖晶石、玻璃、石英
镍	Ni	绿	绿色玉髓、合成黄绿色蓝宝石
铜	Cu	蓝或绿	绿松石、孔雀石、蓝铜矿

二、宝石的光泽

珠宝玉石材料表面的反射光就是宝石的光泽。通常宝石的折射率越大，反射能力越大，光泽越强。因此，宝石光泽的强弱在很大程度上取决于宝石的折射率大小，同时也取决于宝石的抛光程度。

宝石的光泽按强弱分为金属光泽（如自然金、自然银、自然铜等自然金属矿物）、半金属光泽（如针铁矿、闪锌矿等）、金刚光泽（如钻石）和玻璃光泽（绝大多数宝石属于此光泽），以及由集合体或表面特征所引起的特殊光泽有油脂光泽（如软玉、岫玉）、蜡状光泽（如绿松石）、珍珠光泽（如珍珠、贝壳）、丝绢光泽（如木变石、查罗石）等。（图3-8至图3-12）

图3-8 钻石的金刚光泽

图3-9 蓝宝石刻面反光下的玻璃光泽

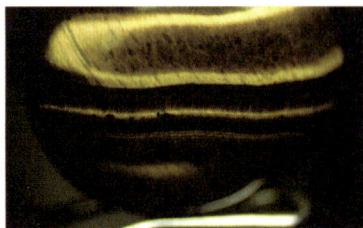

图3-10 木变石的丝绢光泽

图3-11 螺壳的珍珠光泽

图3-12 和田玉的油脂光泽

三、宝石的透明度

珠宝玉石材料透光的程度，依据透明度的强弱，可以分为5个等级，即：透明、亚透明、半透明、微透明和不透明。（图3-13）

透明度对宝石的质地和颜色起着烘托的作用，尤其是多晶质体的宝石，透明度好的可以把宝石材料的质地、颜色衬托得更美。在我国的翡翠行业中，经常用"水头足""地子闷"等行业术语来表达透明度的强弱。

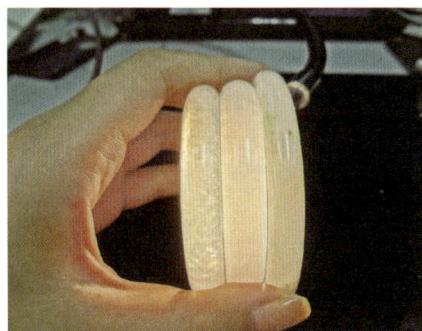
图3-13 翡翠手镯的透明度从左至右依次为亚透明、半透明、微透明

四、宝石的色散

色散，商业上称"火彩"，指当白色复合光通过具棱镜性质的珠宝玉石材料时，分解成不同波长光谱的现象。（图3-14）反映材料色散强度的物理量叫作色散值，实际上是可以测量的，理论上用该材料相对于红光（686.7nm）的折射率与紫光（430.8nm）的折射率的差值来表示，差值越大，色散强度越大。

人们会将测到的宝石色散值分为高、中、低色散。绝大多数的宝石为低色散值，高色散值的宝石，加工成刻面型宝石后，各小面上会闪现出五颜六色的火彩。（图3-15、图3-16）如榍石的色散值为0.051，为高色散宝石，有强烈的火彩，为我们肉眼鉴定该品种的宝石提供依据。（表3-2）

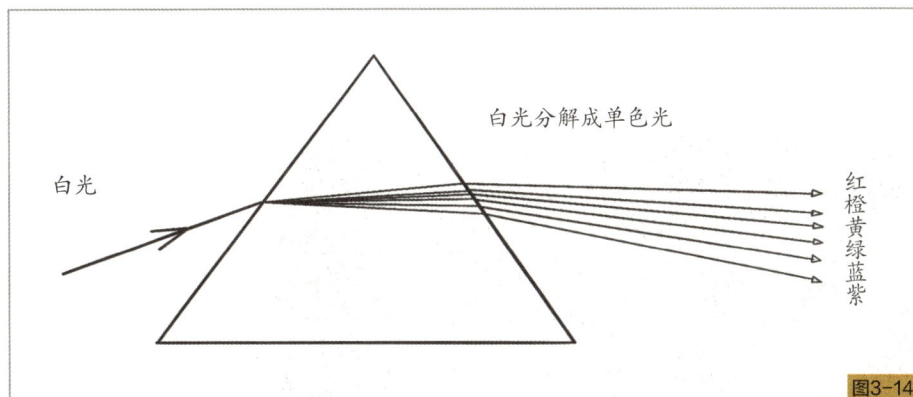

图3-14
白光穿过棱镜产生色散

图3-15
明亮琢型宝石的色散（火彩）

图3-16
强火彩的翠榴石

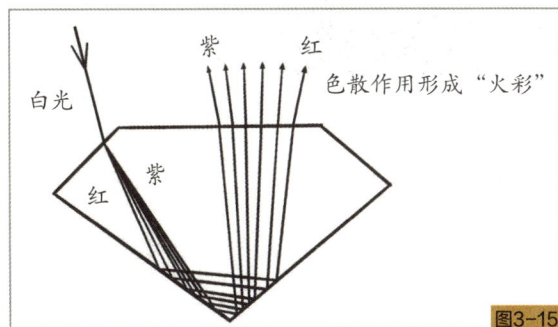

表3-2　高色散值的宝石

实例	色散值
钻石	0.044
翠榴石	0.057
榍石	0.051
蓝锥矿	0.044
锡石	0.071
合成金红石	0.330
合成碳硅石	0.104
合成立方氧化锆	0.060
人造钇镓榴石	0.045
人造钛酸锶	0.190

五、宝石的发光性

发光性指矿物在外界能量（包括可见光、紫外光、X射线、γ射线等）作用下，发出可见光的性质。宝石的发光性是由于宝石矿物的原子或离子受到激发时发出的可见光，可分为荧光和磷光。宝石的发光性可用于鉴定宝石，在宝石鉴定中为一种辅助鉴定方法。

荧光，是指珠宝玉石在激发光源的照射下，发出可见光的现象。如萤石、白钨矿常常发荧光。按发光的强弱分为强、中、弱、无。珠宝玉石鉴定中的激发源常用紫外光。

磷光，是指激发光源撤除后，珠宝玉石在短时间内继续发光的现象。珠宝玉石鉴定中的激发源常用紫外光。比如高温高压合成的钻石常常可见磷光。（图3-17）

图3-17　群镶钻石项链在长波紫外光下的现象

六、特殊光学效应

（1）猫眼效应：以弧面形切磨的某些宝石，表面呈现一条明亮光带，犹如猫的眼珠，随着样品的转动，光带会在宝石表面平行移动或出现光带张合现象，故而得名。能产生猫眼效应的常见宝石有金绿

宝石、碧玺、绿柱石、磷灰石、水晶、方柱石、矽线石、长石等，其中以金绿宝石猫眼效果最佳。（图3-18、图3-19）

（2）星光效应，指以弧面切磨的某些宝石，表面呈现几组放射状闪动的亮线，形如夜空中闪烁的星星，称为星光效应。常为四射星光或六射星光。能显示出星光效应的宝石有红宝石、蓝宝石、石榴石、尖晶石、辉石、芙蓉石等。（图3-20、图3-21）

（3）变彩效应，指珠宝玉石的某些特殊结构，对光的干涉或衍射作用而产生的颜色，随光源或观察方向的变化而变化的现象。最典型的实例就是欧泊。（图3-22）

（4）晕彩效应，指因某些特殊结构对光的干涉、衍射等作用，在珠宝玉石内部或表面产生光谱色的现象。如拉长石、月光石等。（图3-23、图3-24）

（5）砂金效应，指宝石内部细小片状矿物包体对光的反射所产生的闪烁现象。例如，日光石内含有大量赤铁矿小薄片，东陵石中有无数铬云母片，在光照下亮光闪闪。（图3-25）

（6）变色效应，在不同光源照射下，同一颗宝石颜色呈现出变化的现象称为变色效应，常用日光和白炽灯两种光源进行观察。常出现变色效应的宝石品种有变石（又叫"亚历山大石"）、变色蓝宝石、变色石榴石、变色尖晶石、变石猫眼等。（图3-26）

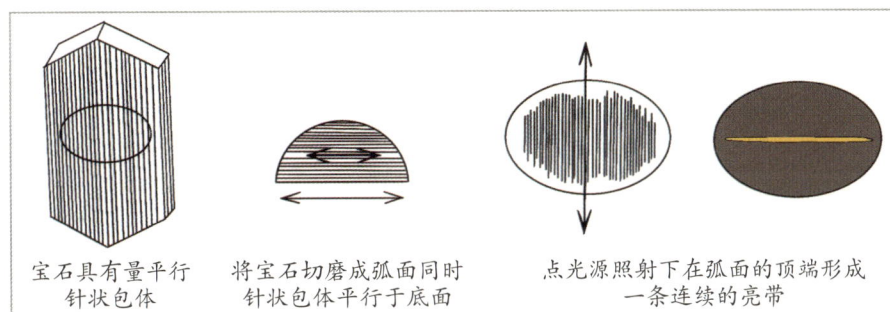

宝石具有量平行
针状包体

将宝石切磨成弧面同时
针状包体平行于底面

点光源照射下在弧面的顶端形成
一条连续的亮带

图3-18　猫眼效应的产生与平行排列的针管状包裹体和加工方向有关

图3-19　金绿宝石猫眼女戒

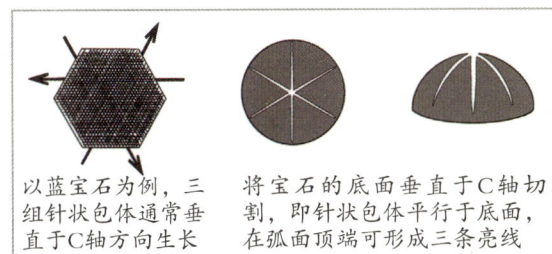

以蓝宝石为例，三
组针状包体通常垂
直于C轴方向生长

将宝石的底面垂直于C轴切
割，即针状包体平行于底面，
在弧面顶端可形成三条亮线

图3-20　星光效应的产生与定向排列的针状包体和加工方向有关

图3-21　星光红宝石女戒

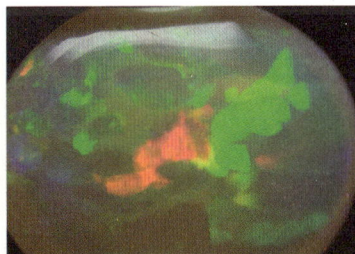

图3-22　欧泊戒面的变彩效应

图3-23　鲍鱼贝壳的晕彩

图3-24　月光石的晕彩效应（月光效应）

图3-25　日光石的砂金效应

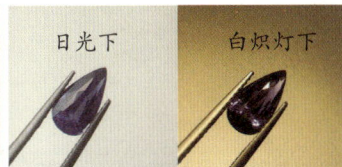

图3-26　变色蓝宝石在日光下呈蓝色（左），在白炽灯下呈紫红色（右）

第二节　力学性质

一、硬度

硬度是材料抵抗外来刻画、压入或研磨等机械作用的能力。硬度是物质成分和结构牢固性的一种表现，主要决定于化学键的类型和强度，即取决于矿物内部结构中质点件联结力的强弱。珠宝玉石硬度采用矿物学中的摩氏硬度来表示。

摩氏硬度1822年由弗里德·里希·摩斯（Friedrich Mohs）提出，以10种矿物的相对硬度划分为以下等级：

（1）滑石。（2）石膏。（3）方解石。（4）萤石。（5）磷灰石。（6）长石。（7）石英。（8）黄玉。（9）刚玉。（10）金刚石。

此外，指甲硬度2.5，铜针硬度3，钢针硬度5.5，玻璃硬度5～6。

二、解理

解理是晶体在外力作用下沿一定的结晶方向裂开而呈光滑平面的性质。解理可分为极完全理解、完全理解、中等理解、不完全理解、无理解五个等级。矿物解理与矿物自身性质有关，特定矿物有特定的解理出现。如托帕石{001}底面解理，萤石{111}八面体解理。

解理划分：

（1）极完全解理：极易产生解理面，片状矿物，如云母、石墨等。

（2）完全解理：可形成光滑解理平面，如钻石、方解石、萤石、托帕石等。

（3）中等解理：解理面不太平滑，如金绿宝石、月光石、辉石等。

（4）不完全解理：解理面不平整，如磷灰石等。

（5）无解理：如碧玺。

通过识别，解理发育的宝石对于宝石的鉴定起着重要作用，如萤石、鱼眼石、云母等；宝石加工抛光也要考虑解理的方向性，如托帕石、坦桑石、锂辉石的切割方向。此外，钻石的劈钻工艺正是利用了钻石解理的性质，而硬度较低的宝石长久佩戴表面容易形成大量的刮痕。（图3-27、图3-28）

图3-27　硬度较低的宝石长久佩戴表面容易形成大量的刮痕

图3-28　萤石的完全解理及解理面闪光

三、裂理

晶体在外力作用下沿一定结晶方向（如双晶结合面）产生破裂的性质叫裂理。

裂理与解理的成因不同：裂理多沿双晶结合面发生，尤其是沿聚片双面结合面或内部包体出溶面发生，裂面平整光滑程度不如解理面。解理则是由矿物内部晶格结构薄弱部位的裂开，为矿物的固有性质。如刚玉无解理，但由于聚片双晶发育，而会产生平行底面和菱面体的裂理。（图3-29）

图3-29　刚玉平行菱面体的裂理

四、断口

晶体在外力作用下随机产生的无方向性不规则破裂面的性质称为断口。 所有宝石矿物都可以产生断口，常见有以下几种断口类型：

（1）不平坦状断口：断口参差不齐，粗糙不平。如翡翠、石英岩等玉石。

（2）锯齿状：断口呈尖锐锯齿状，如软玉。

（3）贝壳状断口：断口面出现不规则同心条纹，类似贝壳状。如水晶、玻璃等。（图3-30、图3-31）

五、韧性与脆性

韧性是宝石抵抗锤击、压冲、切割而不易分割、破碎的性能。钻石是世界上最坚硬的天然矿物，却经不起猛烈的锤击；而和田玉等玉石的硬度虽比钻石低得多，却能经受得住普通的锤击，说明和田玉具有比较强的韧性。通常，宝石的韧性远远不如多晶集合体的韧性。

脆性通常指宝石在锤击下容易形成粉末的性质，离子键矿物多显脆性。在成品宝石中，脆性大常常表现在棱角的磨损，如祖母绿、碧玺、橄榄石等，长时间佩戴，可见棱线磨损。（图3-32）其中，锆石的脆性非常大，棱角极易磨损，因此，常常以"纸蚀"现象来表示。

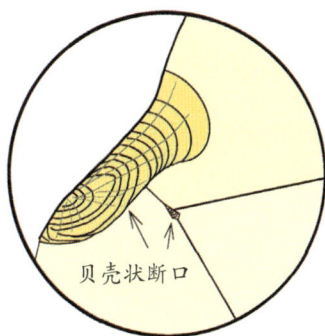

图3-30　贝壳状断口

图3-31　玻璃的贝壳状断口

图3-32　橄榄石的棱线磨损严重，脆性大

六、密度与相对密度

密度是单位体积物质的质量，单位是g/cm^3。

相对密度是指温度4℃及标准大气压下，材料的质量与等体积的水的质量之间的比值。在我们现代宝玉石鉴定中，通常测量相对密度值。每种宝玉石都有相对密度值，其大小是由宝石的化学成分、内部结构及组成元素的原子量来决定的，也与原子或者离子半径的堆积方式有关。

而同一种宝玉石，由于生长环境的不同，会造成化学成分的轻微变化，加之类质同象代替、机械混入物、包裹体的存在等因素，都会造成宝玉石的相对密度值在一定范围内发生变化。

七、课外阅读：宝石的热学和电学性质

热电效应：物理中的热电效应，是指受热物体中的电子随着温度梯度由高温区向低温区移动时，产生电流或电荷堆积的一种现象。温度梯度的变化可以使某些宝石晶体产生热电效应，如碧玺，也叫"吸灰石"；在受冷或受热时，沿晶体两端产生数量相等、符号相反的电荷，同时具有静电吸尘现象。

静电效应：某些有机化合物，如琥珀、塑料等，当受到皮毛的反复摩擦时，各自产生数量相同、极性相反的电荷，可吸附起较轻的小纸片、羽毛和塑料薄膜等。

压电效应：当某些宝石材料受到外界压力时，两面会产生电荷。水晶具有良好的压电性，被广泛应用于无线电和遥控谐振器上。

导热性：不同宝石传导热的性能差别很大，钻石的导热性非常好，我们研制出热导仪可以将钻石和仿钻快速区分出来。

八、课后习题与思考

1. 什么是自色宝石和他色宝石？请举例说明。
2. 什么叫色散？
3. 什么是宝石的发光性？
4. 请简述宝石的特殊光学效应，并举例说明。
5. 请比较宝石的解理、裂理和断口，并举例说明。

4

第四章

宝玉石鉴定仪器

章节前导
Chapter preamble

课程重点：

熟练掌握宝石鉴定实验室中的常规仪器的操作与应用十分重要，该类仪器具有价格低、操作简单、对测试的环境要求不高等特点，除了宝石显微镜以外，大多数仪器便携小巧，我们应熟练掌握这些仪器的使用性能和操作方法。

本章学习重点：

折射仪、偏光镜、二色镜、分光镜、滤色镜、紫外灯、显微镜等仪器设备的使用。

宝玉石鉴定仪器通常分为实验室常规仪器和大型仪器。实验室常规仪器如宝石显微镜、折射仪、分光镜、偏光仪、二色镜、滤色镜、紫外灯、热导仪、反射仪等（图4-1），这些通常能解决大多数的宝玉石鉴定与观察问题。但随着科技的进步，有些宝玉石的鉴定离不开大型精密仪器的帮助，包括红外光谱仪、拉曼光谱仪、阴极发

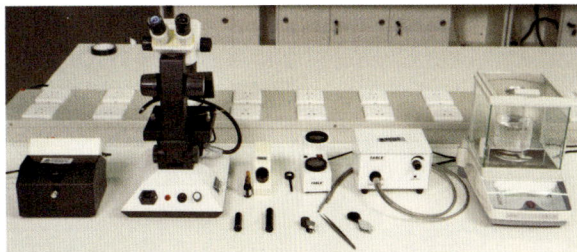

图4-1　实验室常规宝玉石鉴定仪器

光谱仪、电子探针、X射线荧光分析、电子显微镜等，这些常运用于科学研究及解决鉴定中的疑难杂症等问题。本章节讨论的是常规宝玉石鉴定仪器。

第一节　基础知识

一、均质体与非均质体

根据光学性质的不同，宝石矿物可分为光性均质体和光性非均质体两大类。等轴晶系的宝石和非晶体宝石，在各个方向上光学性质相同，称为光性均质体，简称均质体，如钻石、石榴石、尖晶石、欧泊、琥珀、玻璃等。中级晶族和低级晶族的宝石，光学性质随方向而异，称为光性非均质体，简称非均质体。大部分宝石属于非均质体，如红宝石、蓝宝石、祖母绿、水晶等。

二、自然光与偏振光

从一切实际光源直接发出的光都是自然光，如太阳光、白炽灯等。它的特点是在垂直传播方向的平面内，具有振幅相同又在各个方向振动的光。

在垂直传播方向平面内，仅在某一个固定方向上振动的光是偏振光。自然光可以通过反射、折射、双折射及选择性吸收等作用将其转变为偏振光。如自然光通过一偏振片就能形成偏振光，即偏光镜的制作原理；又如自然光通过非均质体宝石，能被分解成振动方向相互垂直、传播速度不同的两束平面偏振光。（图4-2、图4-3）

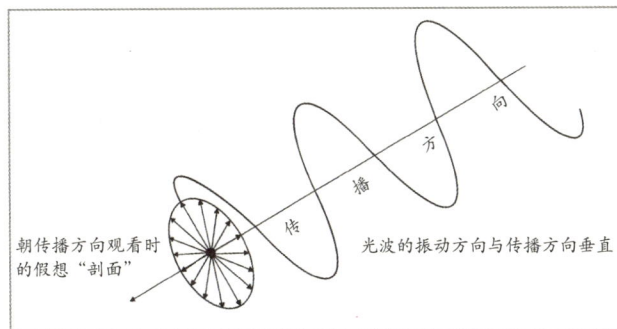

图4-2　光波的振动方向垂直于光波的传播方向

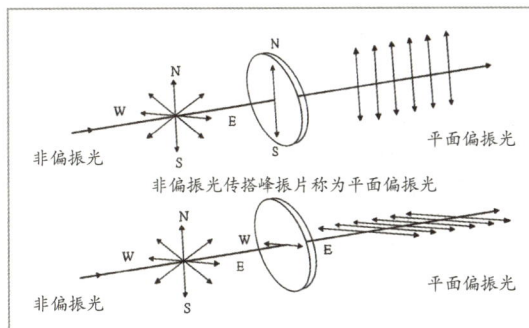

图4-3　利用偏振片产生平面偏振光

三、光在均质体与非均质体中的传播特点

光波进入均质体宝石时，除发生反射和折射等，其入射光波的振动特点和振动方向基本不发生改变，因此均质体宝石是单折射的宝石。（图4-4）

光波进入非均质体宝石时，除特殊方向外，一般都要发生分解，分解为两束振动方向相互垂直、传播速度不同的偏振光，因此非均质体宝石是双折射的宝石。（图4-5）

四、光率体与光轴

光率体是假想的一个球体，它表示光波在晶体中传播时，光波的振动方向与相应折射率值之间关系的光学立体图形。晶体中心为光率体的球心，晶体的折射率值为光率体的半径。

当光波沿非均质体宝石的某个特殊方向入射时，不发生双折射，基本不改变入射光的振动方向和振动特点，这个特殊的方向称为光轴。中级晶族宝石（三方晶系、四方晶系、六方晶系）只有一个光轴方向，称为一轴晶；低级晶族宝石（斜方晶系、单斜晶系、三斜晶系）有两个光轴方向，称为二轴晶。（图4-6）

均质体的光率体是一个圆球体，其半径就是均质体的折射率值，只有一个。（图4-7）

非均质体的光率体是一个椭球体。一轴晶宝石光率体中有非常光折射率Ne、常光折射率No两个主折射率值，代表最大和最小折射率值，它们的差值称为双折射率。二轴晶宝石光率体中三个相互垂直的主轴代表了三个主要光学方向，称为光学主轴，即Ng轴、Nm轴、Np轴，其中Ng＞Nm＞Np。最大折射率值Ng与最小折射率值Np差值为其双折射率。（图4-8至图4-9）

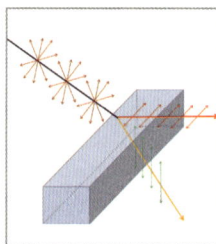

图4-4 自然光进入非均质体宝石分解成相互垂直振动的两束光

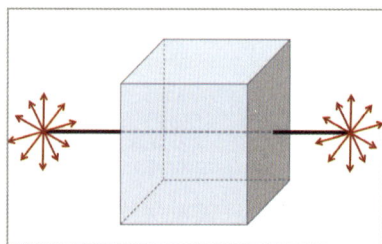

图4-5 光在均质体中的传播

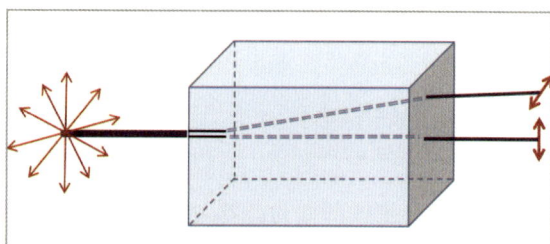

图4-6 光在非均质体中的传播

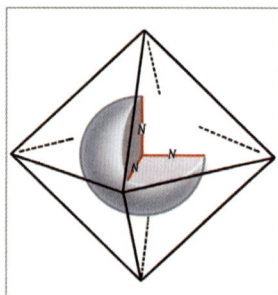

图4-7 均质体的光率体

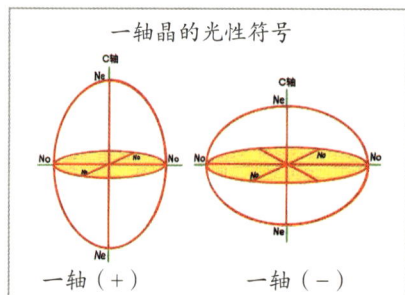

图4-8 一轴晶宝石光率体，横截面为圆形的椭球体，光轴与C轴平行，一轴晶正光性（Ne＞No），一轴晶负光性（Ne＜No）

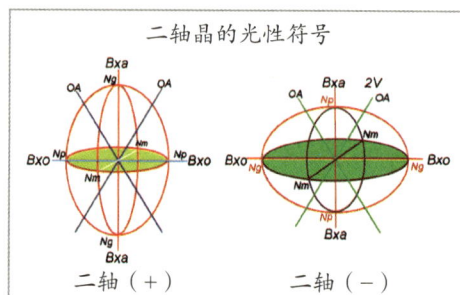

图4-9 二轴晶宝石光率体，三轴不等的椭球体，两条光轴斜交，二轴晶正光性（Ng-Nm＞Nm-Np），二轴晶负光性（Ng-Nm＜Nm-Np）

图4-10　折射仪及其附件

第二节　折射仪

折射仪是宝石鉴定中获取信息最多，并可定量测量的一种重要的鉴定仪器。（图4-10）

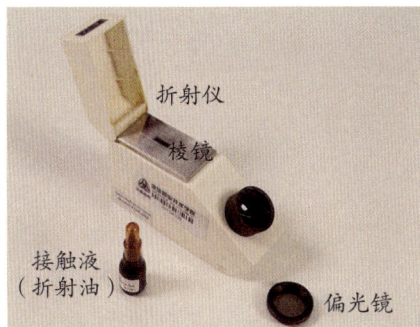

一、工作原理：全内反射

当光线从光密介质进入光疏介质时，入射角小于临界角时发生折射，当入射角大于临界角时发生全内反射。利用这一个特性制作了折射仪，即其工作原理是建立在全内反射的基础上，用来测量宝石的临界角，并把读数换算成折射率的一种仪器。（图4-11、图4-12）

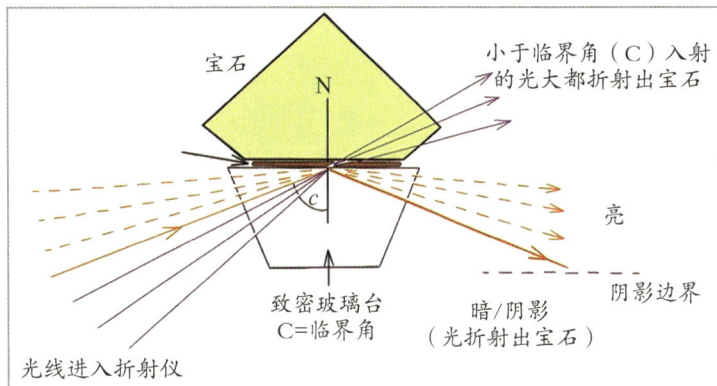

不同的珠宝玉石材料具有特定的折射率或折射率范围。通过测定折射率和双折射率，可判断珠宝玉石的光性特征，如非均质体与均质体、一轴晶与二轴晶甚至光性符号。

图4-11　全内反射型折射仪中的"阴影边界"

二、仪器结构

折射仪的主要部件为载物台，由高折射率的棱镜材料制成，仪器的其余光学系统由一系列的透镜构成，直

图4-12　全内反射型折射仪的结构

角反射棱镜构成反射面，将所测宝石的临界角（C）边缘聚焦于透镜上，由内标尺读出读数，观察者可以从目镜中直接观察到阴影边界，从而读出宝石的折射率值。

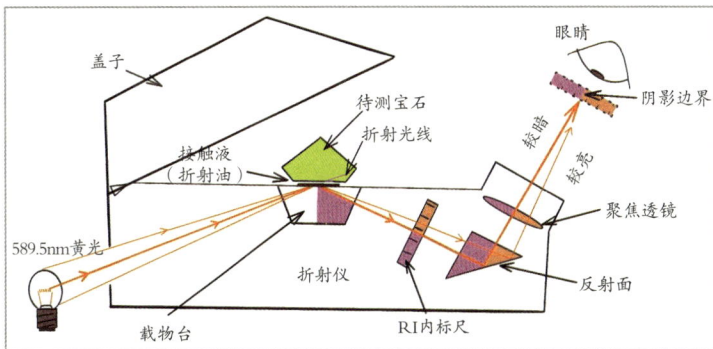

（1）高折射率棱镜：必须是高折射率和单折射的材料，一般使用铅玻璃或合成立方氧化锆。

（2）光源：标准黄光源，波长589.5nm，可用黄色二极管或单色滤色镜制光源。

（3）偏光镜：用于检测非均质矿物折射率。

（4）接触液（折射油）：保证宝石与高折射率棱镜形成良好的光学接触，RI-1.81（二碘甲烷+饱和溶解硫+四碘乙烯），RI-1.79（二碘甲烷+饱和溶解硫），RI-1.74（二碘甲烷）。

（5）测定范围：1.40～1.81（1.78），与折射仪棱镜和接触液有关。

三、测定方法

折射仪可对抛光的刻面或弧面来测试。测试一般分为两种方法：近视法（刻面法）和远视法（点测法）。

1. 近视法（刻面法）

主要用于大的刻面型宝石的测量，可以准确测出宝石的折射率值和双折射率值，甚至判断宝石的轴性和光性。（图4-13至图4-16）

操作步骤如下：

（1）清洗宝石和折射仪棱镜（高折射率玻璃台面）。

（2）检查仪器：棱镜好坏、光源是否标准、光标尺清晰度。标定折射率值1.544～1.553为水晶，折射率值1.728为合成尖晶石。

（3）在棱镜中央滴一滴适量的接触液（折射油），观察接触液的折射率值，折射油的折射率为1.79或1.81。

（4）测定宝石：全方位转动样品和偏光片，并由观测目镜读出明暗交界线的刻度值，即折射率值。

（5）记录结果，将宝石一平整刻面放到棱镜上，转动宝石，观察阴影线的条数、变化情况，包括折射率（RI）、双折射率（DR）、光性、轴性。非均质体可测得一个最大值和一个最小值，两值之差即为双折射率。依据明暗交界线的变化情况，可判断样品的光性特征，其中读数保留小数点后三位，如0.001。

（6）取出宝石，并清洗宝石和棱镜。

2. 远视法（点测法）

主要用于测定弧面型宝石或刻面过小的宝石的近似折射率，不能测出宝石的光性与轴性。（图4-17、图4-18）

图4-13 近视法（刻面法）测试宝石折射率

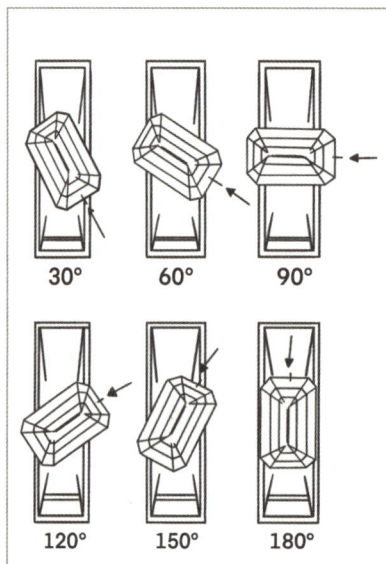

图4-14 近视法（刻面法）测试折射率的操作方法

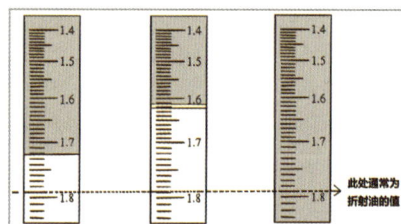

图4-15 一条和两条阴影边界及右边的无读数的暗的标尺

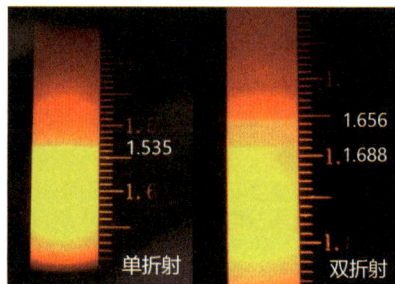

图4-16 单折射的宝石，折射率值1.535（左）；双折射的宝石，两条折射率值1.656～1.688（右）

图4-17 远视法（点测法）测试弧面宝石折射率

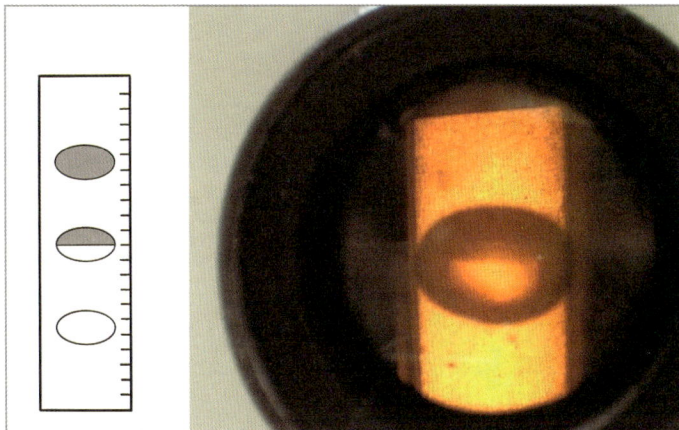

图4-18 远视法（点测法）观察示意图

操作步骤如下：

（1）在棱镜中央滴少许接触液。

（2）将弧面型宝石弧面朝下置于接触液上。

（3）与折射仪相距30cm～45cm观察宝石在折射仪上的影像。

（4）宝石影像为半明半暗位置的折射仪刻度，即为宝石的折射率值。

（5）折射率值取小数点后两位。

四、现象与解释

1. 均质性（单折射宝石）

只有一个折射率值（RI），转动宝石折射率不变，包括非晶质宝石和等轴晶系的宝石。如玻璃属于非晶体，折射率通常显示一条数值，如1.520刻度的单折射；尖晶石的折射率常常为1.718，是等轴晶系的宝石。

2. 非均质性宝石（双折射宝石）

（1）一轴晶宝石：常有两个折射率值，分别为常光折射率No、非常光折射率Ne。转动宝石，常光折射率No不变化，非常光折射率Ne有变化。转动宝石高折射率值在变动，为正光性（＋），如低折射率值在变动，为负光性（－）。如水晶，高折射率值来回移动，而低值1.544则不变化，即为一轴晶正光性（＋）宝石。

（2）二轴晶宝石：有三个折射率值：Ng、Nm、Np，在同一个面上只能显示两个折射率值，且一般情况下，转动宝石，两个折射率阴影都会产生变化。如高折射率值移动幅度大，为正光性（＋），反之为负光性（－）。如透辉石，两条折射率值均会移动，但高折射率值变化范围大于低折射率值，即为二轴晶正光性（＋）宝石。

五、注意事项

（1）注意宝石切面：为避免特殊光学切面，有时候应变换2～3个切面测试。

（2）注意仪器状态：光源是否标准、接触液折射率高低及相应位置、标尺是否正确。

（3）注意操作技术：

①宝石折射率（RI）超出折射仪范围，将出现"负读数"，此时所读读数为接触液的读数。

②容易被误认为均质性的宝石，俗称"假均质体现象"：比如双折射率（DR）很大的宝石，其中一条折射率在折射仪的测定范围，另一条超出折射仪的测定范围，如蓝锥矿；或两条均超出折射仪的测定范围，如榍石、锆石等；双折射率都很小的宝石，容易被误认为均质体的宝石，如磷灰石DR 0.003、鱼眼石DR 0.002，此时需利用偏光镜、二色镜来验证判断。

③二轴晶宝石在某些情况下，其中一条折射率移动不明显，容易被误判为一轴晶宝石，称为"假一轴晶现象"，如托帕石和柱晶石。

④接触液勿过多或过少。

⑤选择面积大、平整、抛光较好的宝石刻面进行测定。

⑥观察姿势：视线应垂直目镜平面。

第三节　偏光镜

一、工作原理

偏光镜（图4-19）的光源为白色的自然光，利用偏振滤光片只允许入射光从一个振动方向通过，来获取平面偏振光。主要由两个振动方向相互垂直的偏振片组成，用于检测宝石的均质性和非均质性，同时帮助判断一轴晶宝石和二轴晶宝石。

当自然光通过下偏光片时，被转化为平面偏振光，若上偏光片与下偏光片方向平行，则下偏光片的光全部通过，视域最亮；若上偏光片与下偏光片方向垂直，则下偏光片的光全部被阻挡，视域最暗，即全消光。（图4-20）

图4-19　偏光镜

二、仪器结构

上、下两个偏振滤光片以及支架、灯泡、玻璃片、干涉球（凸透镜）、载物台。（图4-21）

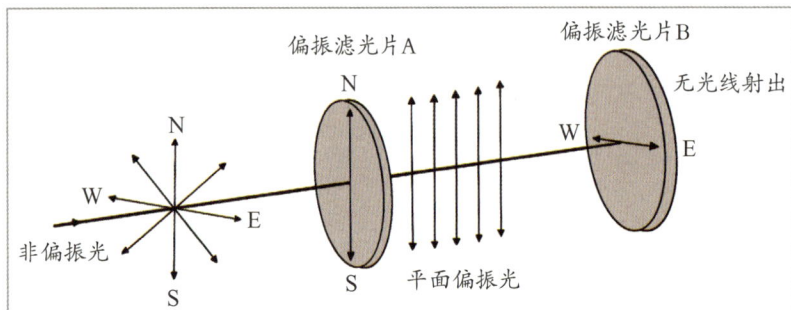

图4-20　处在正交偏光下产生全消光

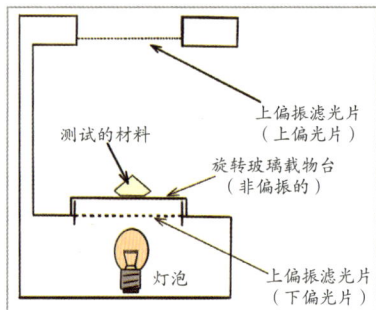

图4-21　偏光镜的结构

三、测试方法

（1）使仪器上、下偏振片处于正交位置（全黑）。

（2）把样品置于载物台上。

（3）转动样品或载物台，观察样品的明暗变化，确定样品为均质体或非均质体。

（4）如需测定样品的轴性和光性，先找出光轴所在方位，即干涉色最高方位，使其光轴直立，然后将干涉球置于样品之上，根据干涉图形态确定轴性（即一轴晶、二轴晶）。

四、现象解释（表4-1）

（1）全亮：正交偏光下，载物台上的宝石始终明亮，出现于多晶质宝石（玉石），如翡翠、软玉、岫玉、玛瑙等。

（2）全消光：正交偏光下，载物台上的宝石呈现始终黑暗的现象，即为均质性宝石（非晶质宝石、等轴晶系宝石），如尖晶石、钻石等。

（3）四明四暗：当载物台上的非均质宝石转动一周有四次黑暗和四次明亮交替出现时，则称为四明四暗现象。如橄榄石为二轴晶宝石，旋转一周，出现四明四暗现象。

（4）异常消光：均质性宝石因受应力作用，产生异常双折射，在正交偏光下会出现不均匀的消光现象，最典型的是波状消光（如天然玻璃）、斑纹状消光（如合成尖晶石）、无色圈的黑十字消光（常见于玻璃）等。要密切注意这类消光现象，以免引起误判，并结合折射仪、二色镜等仪器综合判断。（图4-22）

图4-22　玻璃的异常消光，转动下可见移动的黑臂

表4-1　宝石在正交偏光下的各种现象

类型	宝石旋转一周的现象
全亮	
全消光	
四明四暗	
异常消光	

（5）干涉图：正交偏光镜下，沿着光轴方向，借助干涉球，非均质体宝石可以观察到干涉图。一轴晶宝石的干涉图为干涉色圈的黑"十"字消光影，其中最特殊的是水晶的干涉图出现中空彩色的黑

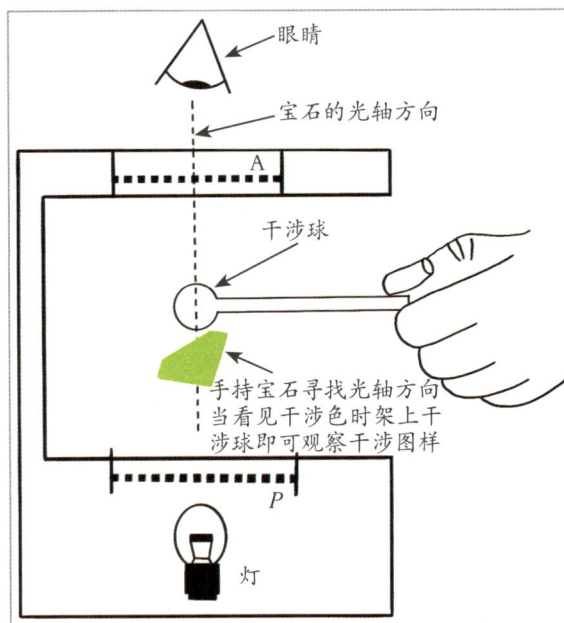

图4-23 正交偏光下利用干涉球观察宝石的干涉图

"十"字，即"水晶牛眼干涉图"。二轴晶宝石的干涉图为弯曲黑臂或者双臂的干涉色圈。（图4-23）（表4-2）

表4-2 一轴晶宝石和二轴晶宝石的干涉图

一轴晶干涉图	水晶牛眼干涉图	二轴晶干涉图（单光轴）	二轴晶干涉图（双光轴）

五、适用范围

偏光镜检测光性特征时，适用于透明与半透明的珠宝玉石材料。应注意：

（1）宝石内部含大量包体或裂隙时，测试的可靠性差。

（2）某些光性均质体，由于内部应力作用或其他作用，会呈现异常消光。

（3）折射率很高的材料，由于外界光线经宝石反射后的反射光会产生偏振，光的偏振化会影响判断结果。

第四节　二色镜

一、工作原理

1. 多色性的概念

非均质体的彩色宝石，由于不同的结晶方向上对光波的选择性吸收，而呈现不同颜色的现象，分为二色性和三色性。（图4-24）需要注意：只有彩色的透明与半透明的非均质性宝石才可能具有多色性。

其中二色性是指一轴晶彩色宝石，在两个主振动方向上，呈现两种不同颜色的现象。如红宝石是三方晶系的宝石，可呈现紫红、橙红的二色性。（图4-25、图4-26）而三色性是二轴晶彩色宝石，在不同主振动方向上，呈现三种不同颜色的现象。如董青石可呈现浅紫、深紫和黄褐的三色性。

二、仪器原理

当光进入非均质体宝石时，分解成两束振动方向相互垂直的偏振光，两束光的传播速度有所不同，宝石对两束光产生的选择性吸收也有差异，使不同方向上呈现的颜色色调或深浅有所不同，即多色性。一轴晶宝石可见二色性，二轴晶宝石可见二色性或三色性。多色性的明显程度，分为强、中、弱、无四种。根据多色性可以辅助判断彩色宝石的光性特征及宝石晶体结构的定向。

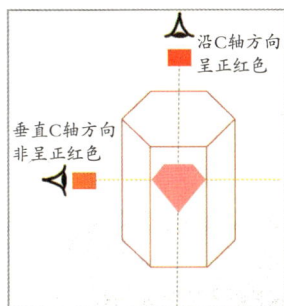

图4-24　天然红宝石颜色随观察方向不同而不同

图4-25　海蓝宝石的二色性，蓝色、浅灰蓝色

图4-26　多色性判断均质体与非均质体，玻璃无多色性，红碧玺呈二色性

图4-27　冰洲石二色镜

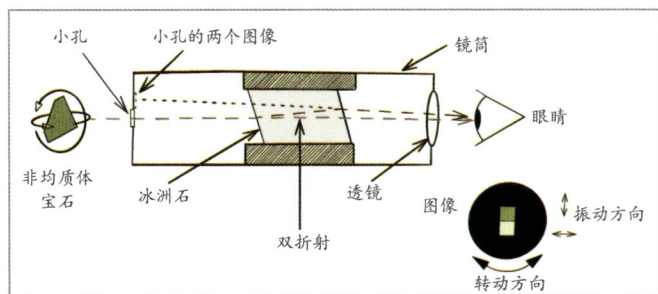

图4-28　冰洲石二色镜的结构

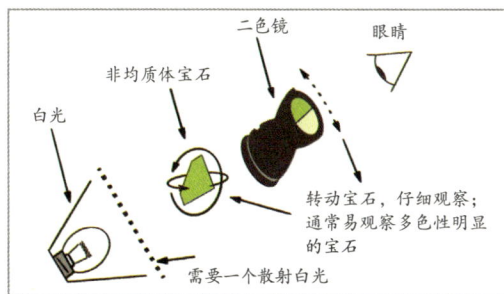

图4-29　偏光二色镜的使用

三、仪器结构

宝石鉴定用的二色镜主要有冰洲石二色镜和偏光二色镜。常用的是冰洲石二色镜，它的主要部件包括镜筒、冰洲石、透镜和窗口。偏光二色镜用两片具有相互垂直振动方向的偏振滤光片相拼接制作而成。（图4-27至图4-29）

四、操作步骤

（1）使用自然光或白炽灯光透射观察。

（2）将样品置于二色镜前的适当位置。

（3）转动样品或二色镜，从不同方向观察样品。

（4）观察二色镜两个窗口中的颜色变化，可以是颜色深浅或色调的变化。

五、注意事项

（1）样品要求：单晶，透明与半透明，有颜色的双折射宝石。

（2）采用白光光源，如自然光、白炽灯光，不能用单色光。

（3）至少从三个方向观察宝石，既可转动宝石观察，也可转动二色镜观察；注意宝石的三色性。

（4）注意区分宝石的不均匀颜色和色带，如在同一方向肉眼观察到两种颜色，应是色带特征，而非二色性。

（5）对弱多色性的观察要仔细。

第五节 紫外灯

图4-30 荧光灯

紫外灯又称荧光灯（图4-30），是用于观察宝石的荧光效应的仪器，用特殊的灯管发出紫外线来激发宝石荧光的一种仪器，主要用来观察宝石的荧光和磷光。

一、工作原理

某些珠宝玉石受到紫外光辐照时，会发出可见光。根据荧光强度及有无荧光反应可分为强、中、弱、无四种。根据样品在长波、短波紫外光下的荧光颜色和荧光强度可辅助判断珠宝玉石种属、天然与合成及是否经处理等。某些具磷光的珠宝玉石在停止紫外光照射后，仍会在一定时间内继续发出可见光。

长波紫外光（LWUV）：365nm，短波紫外光（SWUV）：253.7（或254）nm。

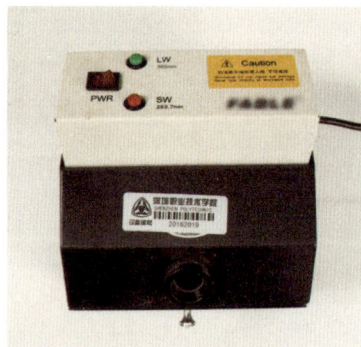

二、使用步骤

（1）在未打开紫外灯开关之前，将样品放在样品台上。

（2）分别按长波和短波按钮，观察样品的荧光反应。

（3）如需观察样品磷光，关闭紫外灯开关，继续观察。

三、注意事项

（1）荧光对人体有伤害，勿直视荧光，勿用手拿放宝石。

（2）注意集合体的局部发光的影响。

（3）染色、充填处理的宝石，注意充填部位的荧光。

（4）从不同方向检测宝石，荧光在宝石表面会有反光，而表面杂质易被误认为是荧光。

四、宝石荧光特征

（1）合成宝石的荧光一般强于天然宝石，如红宝石、蓝宝石。（图4-31）

（2）玻璃、有机胶填充物具有荧光，如翡翠B货发出荧光。（图4-32）

（3）拼合宝石的不同部位，荧光特征可有不同。

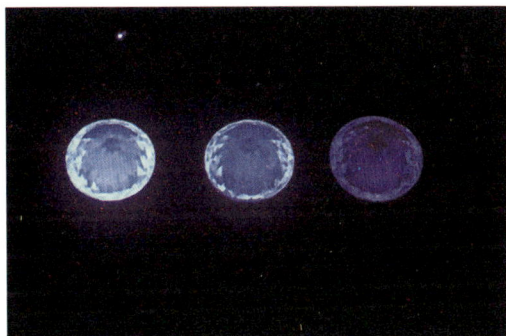

图4-31　不同钻石在荧光灯下的发光强度及颜色

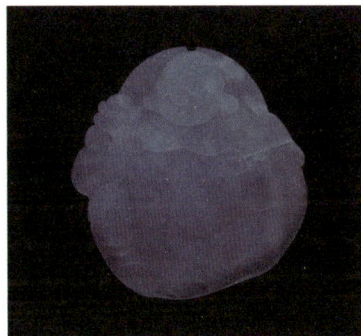

图4-32　漂白、充填翡翠在长波紫外光下发出强蓝白色荧光

第六节　宝石显微镜

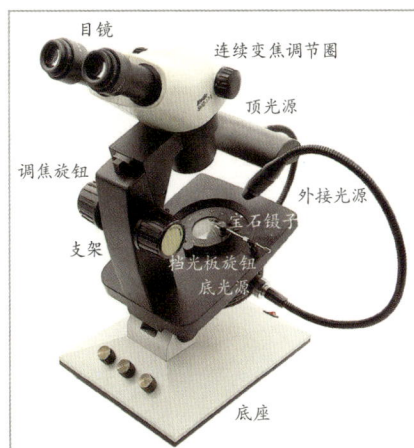

图4-33　宝石显微镜的结构

宝石显微镜是具有底光源和顶光源的双目体视显微镜，它可利用不同方向的光源进行观察，放大倍数连续可调，是区分天然宝石和合成宝石、优化处理宝石的关键手段，是宝石鉴定中较重要的仪器之一。（图4-33）

一、显微镜结构

（1）目镜：双筒，放大倍数一般有10×和15×两种

（"×"为"倍"）。

（2）连续变焦调节圈（或旋钮）：连续调节物镜的放大倍数，放大倍数一般为0.67×至4.5×，可调；宝石显微镜的放大倍数=目镜放大倍数×连续变焦旋钮的放大倍数。

（3）调焦旋钮：可连续变焦。

（4）载物台：主要有电源、顶光源、底光源开关及顶光源、底光源光量强度调节旋钮。

（5）顶光源（顶灯）：表面垂直照射光源，一般为日光灯，方向可调。

（6）宝石镊子：夹宝石用，可上下、左右、前后移动及自身旋转。

（7）锁光圈：控制底光源照射的光量大小。

（8）挡板：改变底光源的照明方式（亮域/暗域）。

（9）底光源（底灯）：底部照射透射光源一般为白炽灯，内置，方向不可调。

二、照明方法

1. 透射照明

光线由底部直接照射，针对颜色较暗、包裹体较多的宝石观察。（图4-34）

2. 暗域照明

宝石包裹体观察最常用的方法，光线由侧面射入宝石，使观察背景为黑色，只有宝石明亮。特点：有利于观察宝石的内部特征，并避免了直射光线对眼睛的损害。（图4-35）

3. 顶部照明（侧光照明）

主要用于观察宝石表面特征，以及对不透明与半透明宝石的观察。（图4-36、图4-37）

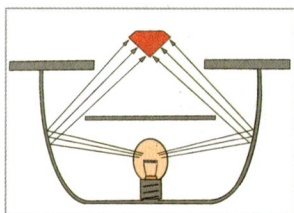

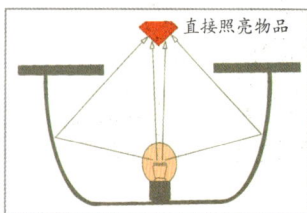

图4-34　亮域照明　　　　图4-35　暗域照明　　　　图4-36　顶部照明　　　　图4-37　也可用外接光源多角度侧光照明

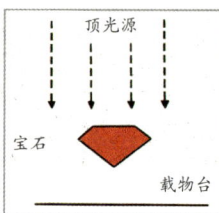

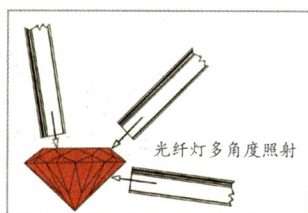

三、使用步骤

（1）擦净目镜与待测宝石，并将宝石夹于宝石镊子上。

（2）插上电源，打开底光源，选择暗域照明，调节目距（方法：双手分别握住一只目镜移动，直至双眼清晰地看到一个完整的圆形视域）。

（3）调节焦距，使宝石清晰成像。先准焦于宝石表面，用顶灯照明法观察外部特征，换暗域或亮域照明法后聚焦于宝石内部观察内部特征。

（4）调节变焦调节圈（旋钮），从低倍物镜开始观察，找到目标观察对象时，进行局部高倍放大观察。

注意：步骤（3）和步骤（4）在实验操作中是交替反复进行的，调节变焦调节圈（旋钮）时用双手进行调节。

（5）观察完毕，取下宝石放好，降下或升高镜筒调平显微镜，关闭电源。

四、显微镜的用途

（1）宝石表面特征观察。原石：生长纹、溶蚀坑、断口、解理和双晶纹等的观察。宝石琢形：切磨质量、抛光质量等的观察；拼合宝石：拼合缝的观察。（图4-38）

（2）内部特征：宝石包裹体、色带、生长纹、双晶纹、解理、裂理等。（图4-39）

（3）结构特征：宝石矿物结构、颜色分布、染色特征、矿物组合，欧泊的色斑结构等。（图4-40、图4-41）

（4）观察宝石的双折射：利用宝石底面棱重影来判别宝石的双折射现象，如橄榄石、锆石、碧玺、透辉石等宝石。（图4-42）

（5）广泛运用宝石显微照相系统。（图4-43）

小知识：宝石的包裹体

包裹体是影响珠宝玉石整体均一性的一个因素，主体有成分、相态、结构或颜色等差异的内外部特征，可简称为包体，如矿物包体、气液包体、双晶纹、断口、解理、色带等。

内部特征：是指宝石材料中所含的固相、液相、气相包裹体，特殊类型的包裹体（如负晶）及与宝石的晶体结构有关的现象，如生长纹、色带、双晶纹、解理、裂理等。

外部特征：是指除晶形、颜色、透明度和光泽外，与宝石晶体结构有关的特殊现象，以及宝石在切磨抛光过程中留下的现象。常见的晶体外部特征有晶面横纹、纵纹、双晶纹、生长凹坑、生长丘及蚀象、溶丘等现象。常见的切磨宝石外部特征有刮痕、抛光纹（痕）、微缺口、空洞、损伤、烧痕、撞击痕、须状腰棱、额外刻面、棱线尖锐或圆滑等现象。

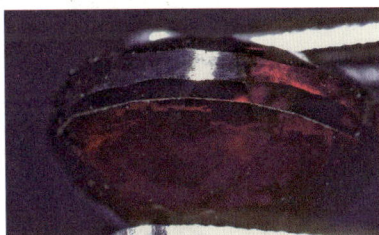

图4-38　拼合石榴石的拼合缝

图4-39　宝石表面的大量刮痕

图4-40　菱锰矿的颜色，呈锯齿状分布

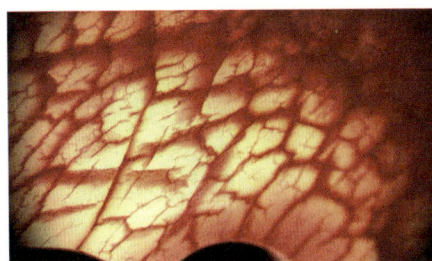

图4-41　染色岫玉，染料沿裂隙富集

图4-42　非均质体宝石的双折射重影

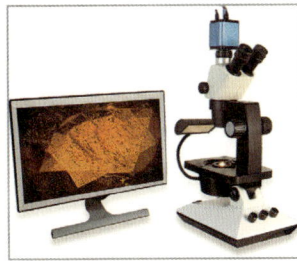

图4-43　宝石显微照相系统

包裹体的观察相当重要，在鉴定宝玉石品种、判别合成宝石与人造宝石及优化处理宝石、仿造宝石等起到关键性作用。平时也可以用专用的宝石镊子和10倍放大镜进行观察。（图4-44）（表4-3）

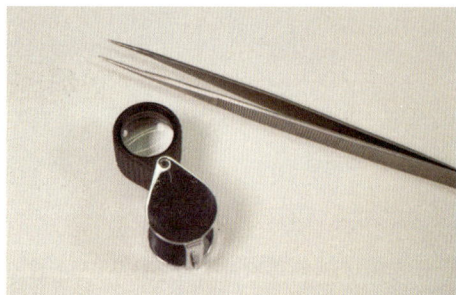

图4-44　宝石镊子和10倍放大镜

表4-3　部分包裹体素描图及图例

蓝宝石的色带	月光石的蜈蚣状包体
蓝宝石的三组（三个方向）定向针状包体	海蓝宝石的雨丝状包体
菱锰矿的锯齿状色带	橄榄石的睡莲叶状包体
蓝宝石的指纹状包体	俄罗斯翠榴石的马尾丝状包体
天然玻璃的气泡和流动纹	染色翡翠的颜色富集

第七节　分光镜

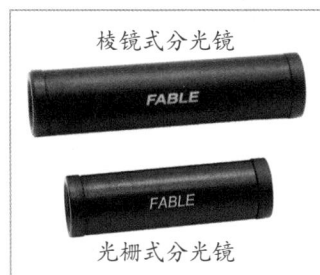

分光镜是用于观察宝石吸收光谱的仪器（图4-45）。利用棱镜或光栅将白光分解为所组成的单色光，即形成光谱。可见光谱范围：700nm～400nm。（表4-4）

图4-45　两种分光镜

表4-4　可见光组成颜色的大致范围

颜色	红	橙	黄	绿	蓝	紫
波长（nm）	700～630	630～590	590～550	550～490	490～440	440～400

一、仪器原理

物质对光线可产生两种光谱：吸收谱和发射谱。彩色宝石中致色元素对光线有一定的吸收，从而在光谱中产生吸收谱线或吸收带。不同宝石的致色元素及结构的不同，使其在光谱中的吸收特征不同，从而使吸收谱成为鉴别宝石的指纹特征。

二、仪器类型

按光学器件分为棱镜式分光镜和光栅式分光镜。（图4-46）

棱镜式分光镜看到的所有波长是非等距的，红光区相对聚拢，紫光区相对发散，而光栅式分光镜看到的所有波长都是等距的。因此光栅式分光镜有利于观察红区光谱的特征，棱镜式分光镜有利于观察紫区光谱的特征。

观察吸收光谱的光源，目前主要使用光纤灯，或者便携式的全光谱聚光手电筒。

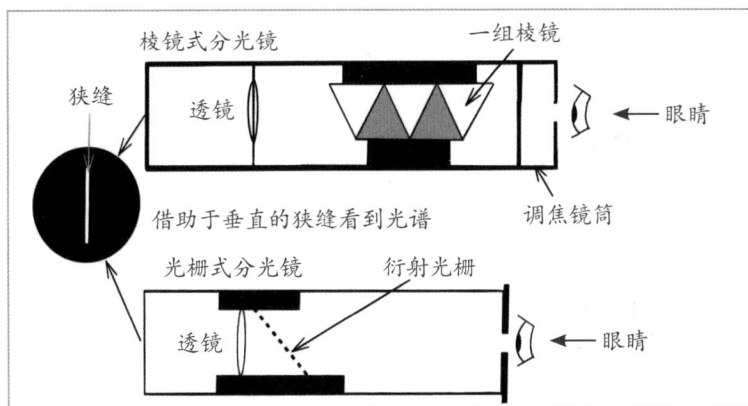

图4-46　棱镜式分光镜（上）和光栅式分光镜（下）的基本结构

三、观察方法

（1）透射法：主要针对大颗粒宝石，腰棱方向观察比较明显。（图4-47）

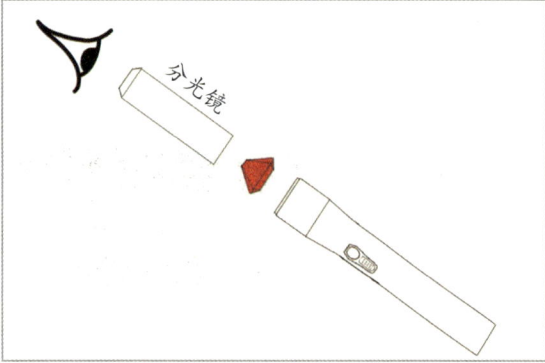

图4-47　透射法观察宝石光谱

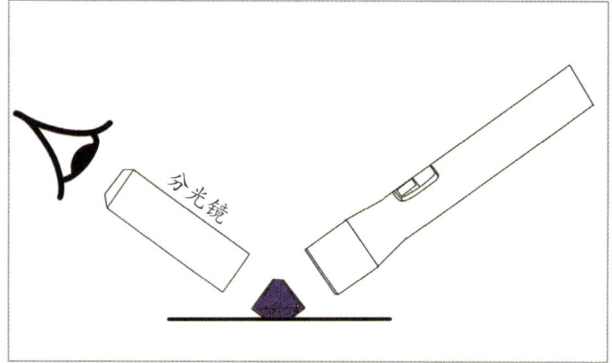

图4-48　内部反射法观察宝石光谱

（2）内部反射法：宝石台面朝下，让光线斜照入宝石内部，并产生反射，利用反射光进行观察。（图4-48）

（3）表面反射法：主要针对不透明宝石，利用宝石表面的反射光来进行观察。

四、分光镜的功能

（1）用于观察宝石的吸收谱和发射谱，从而鉴别宝石。（表4-5）

（2）可检查某些经染色处理的宝石或玉石。

（3）用于研究宝石的致色原因。

（4）可帮助区分天然宝石与合成宝石。如：蓝色尖晶石（铁谱）与合成蓝色尖晶石（钴谱）。

表4-5　常见宝玉石的吸收光谱（以棱镜式分光镜为例）

名称	吸收光谱	描述
红宝石 （铬谱）		红区694nm、692nm、668nm、659nm的吸收线，黄绿区620nm～540nm范围的宽吸收带，476nm、475nm和468nm处有三条吸收线，紫区可见两条主吸收线。（一般描述光谱，不用加"紫光区"的"光"，直接叫黄绿区、蓝区、紫区等即可。）
红色尖晶石 （铬谱）		红色尖晶石在红区686nm、675nm处可见两条主吸收线，有时可伴有其他吸收线，多时可达8条，656nm处有弱吸收带，绿区595nm～490nm处有宽吸收带，紫区吸收。
祖母绿 （铬谱）		红区683nm、680nm、637nm可见吸收线，橙黄区630nm～580nm处有弱吸收线，蓝区477nm处有弱吸收线，紫区460nm开始为全吸收。
变石 （铬谱）		红区680nm、678nm处有两条强吸收线，红橙区655nm、645nm处有两条弱吸收线，600nm～550nm范围为吸收带，蓝区468nm处有弱吸收线，紫区全吸收。

（续表）

名称	吸收光谱	描述
镁铝榴石（铬谱）	700nm 600nm 500nm 400nm	优质的红色品种在红区680nm处有一组弱吸收线，564nm处有宽吸收带，500nm处有吸收线。
翡翠（铬谱）	700nm 600nm 500nm 400nm	铬致色的艳绿色翡翠在630nm～690nm形成阶梯状吸收线，浅绿色翡翠除了红区吸收外，不可在紫区437nm处有一条强吸收线，还有些浅色翡翠只在437nm处观察到吸收线。
铁铝榴石（铁谱）	700nm 600nm 500nm 400nm	黄绿区505nm、527nm、576nm处可见强吸收带，被称为"铁铝窗"，423nm、460nm、610nm、680nm～690nm处伴有弱吸收带。
橄榄石（铁谱）	700nm 600nm 500nm 400nm	蓝区453nm、473nm、493nm处有中等强度吸收窄带。
蓝宝石（铁谱）	700nm 600nm 500nm 400nm	蓝区450nm、460nm、470nm处有吸收带，绿色和黄色品种的蓝宝石有时只在450nm处有一条吸收窄带。
金绿宝石（铁谱）	700nm 600nm 500nm 400nm	蓝区可见444nm处有强吸收窄带。
蓝色尖晶石（铁谱）	700nm 600nm 500nm 400nm	因低价铁的存在显示复杂的吸收光谱，其中蓝区460nm处有强吸收带，432nm～435nm、480nm、550nm、565nm～575nm、590nm、625nm处伴有弱吸收带和线。
合成蓝色尖晶石（钴谱）	700nm 600nm 500nm 400nm	橙红区615nm～645nm，橙黄区560nm～600nm，黄绿区535nm～550nm处可见有强吸收带，其中黄绿区吸收带最窄。
蓝色钴玻璃（钴谱）	700nm 600nm 500nm 400nm	橙红区620nm～675nm，橙黄区580nm～600nm，黄绿区530nm～550nm处有强吸收带，其中橙黄区吸收带最窄。而新型的钴玻璃吸收光谱与合成蓝色尖晶石吸收光谱接近。
染色翡翠（铬谱）	700nm 600nm 500nm 400nm	铬盐染绿者，红区655nm～665nm处可见强吸收带。某些可见紫区437nm的翡翠诊断线。
染色石英岩玉（铬谱）	700nm 600nm 500nm 400nm	铬盐染绿者，可见红区655nm～665nm处有强吸收带。
锆石（铀谱）	700nm 600nm 500nm 400nm	可见2条到40多条吸收线，分布于各个色区，以红区653.5nm为特征吸收线。（红色锆石无此吸收线）

（续表）

名称	吸收光谱	描述
磷灰石 （稀土谱）	700nm 600nm 500nm 400nm	黄色、无色及具猫眼效应的宝石可见580nm处双吸收线。
锰铝 榴石 （锰谱）	700nm 600nm 500nm 400nm	紫区410nm～430nm吸收带，420nm吸收线，具有鉴定意义，其次蓝区460nm、480nm，绿区520nm处有吸收带和吸收线，有时绿区504nm、573nm处可见吸收线。
硒玻璃 （硒谱）	700nm 600nm 500nm 400nm	红区以后形成全吸收带。

小知识：宝石电子分光镜——新型分光镜

通过宽动态摄像系统获取宝石特征吸收光谱图，并在电脑屏幕上实时高清显示。（图4-49）

五、注意事项

（1）光源类型：标准白光源，无反射或吸收光谱，如白炽灯。不能用阳光、日光灯作为光源。

（2）宝石的颜色、大小、透明度、琢型、手持方法及观察方向都会对吸收线产生影响，应分别对待。

（3）光线的强弱：强光源对弱吸收线或深色宝石的吸收线观察有利，但不利于对浅色宝石的观察。

（4）如果宝石光照时间过长，会导致宝石过热，可能会引起谱线不清晰。

（5）利用分光镜鉴定宝石时，应先检测是否是拼合宝石。

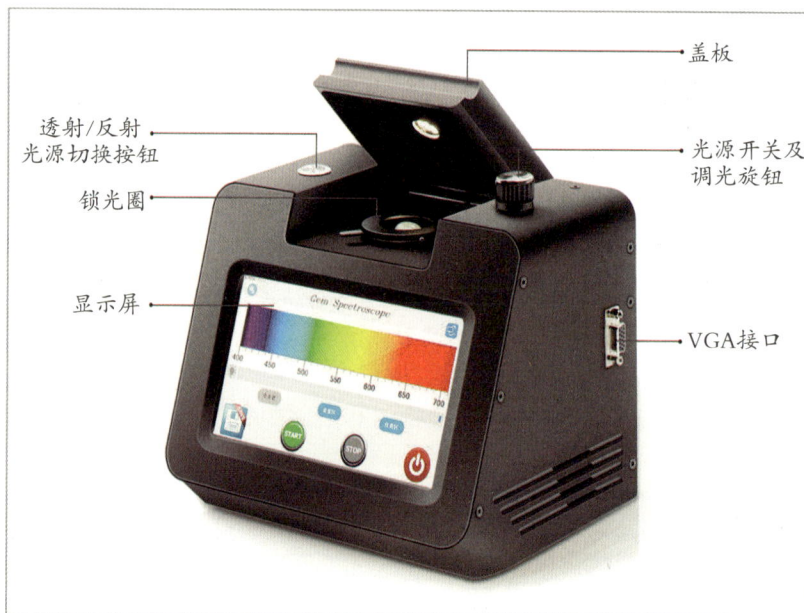

图4-49　电子分光镜

第八节　查尔斯滤色镜

查尔斯滤色镜是由两个特定波长的滤色片组成的宝石鉴定仪器，在宝石鉴定中属于一种辅助仪器。（图4-50）

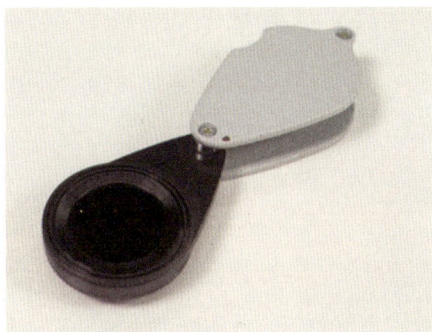

图4-50　查尔斯滤色镜

一、工作原理

宝石颜色是宝石吸收了部分白光光波后剩余的混合光波，不同宝石的剩余光波有所不同，利用滤色镜可以对光波起到"过滤"作用，使混合光减少，从而达到鉴别宝石的目的。查尔斯滤色镜只允许深红色光（690nm）和黄绿光（570nm）通过，其他的光全部被吸收。其主要用于检测绿色宝石和蓝色宝石。（图4-51）

二、滤色镜的用途

（1）用于区别翡翠与其染色、相似品：天然绿色翡翠仍然为绿色，铬盐染色翡翠在滤色镜下呈现红色；水钙铝榴石的绿色部分在滤色镜下呈现粉红色。

（2）用于区别天然宝石与合成宝石，天然蓝色尖晶石在滤色镜下会呈现蓝色；钴致色的蓝色玻璃、合成尖晶石在滤色镜下会呈现鲜红色。

（3）帮助鉴定宝石品种：某些产地的祖母绿、绿色的石英岩玉（东陵石）、绿色的独山玉、青金石、翠榴石等在滤色镜下呈现不同程度的黄色。（图4-52）

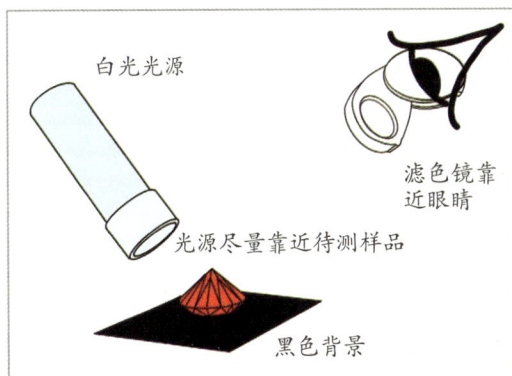

白光光源
滤色镜靠近眼睛
光源尽量靠近待测样品
黑色背景
图4-51　滤色镜的使用

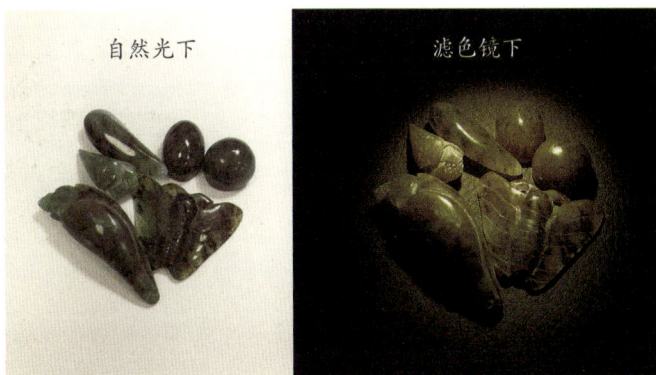

自然光下　　滤色镜下
图4-52　绿色独山玉在滤色镜下呈现黄色

三、注意事项和局限性

（1）利用查尔斯滤色镜观察宝石，仅可作为补充的观察测试手段，不能以此作为宝玉石鉴定的主要依据。

（2）经查尔斯滤色镜观察所见的颜色深浅，取决于待测样品的大小、透明度和本身颜色深浅。

（3）虽然最初查尔斯滤色镜被用于快速鉴定祖母绿，但实际并非如此。某些产地的祖母绿因含致色元素铬，在查尔斯滤色镜下呈现红色或粉红色，但后来发现的许多新产地祖母绿，如南非的祖母绿，在查尔斯滤色镜下并不变红。此外，大量新上市的合成祖母绿在滤色镜下也呈现红色。再比如含元素铬的绿碧玺在查尔斯滤色镜下呈现红色，与祖母绿现象相似。因此，查尔斯滤色镜在祖母绿鉴定中的作用越来越受到限制。

第九节　宝石的相对密度测定

一、原理

宝石的相对密度测定方法的依据是阿基米德定律：当物体完全浸入液体中，物体所受到的上浮力相当于其所排开液体的质量。

二、静水称重法

密度的近似值：只要分别测出宝石在空气和水中的重量，即可计算出宝石的相对密度。利用这个原理，可以获得相对准确的宝石比重，但宝石越小，精度越低。

测试方法：天平归零，在天平上测得宝石重量为$W_空$。取一烧杯的蒸馏水，装至2/3，放于托盘架上，将宝石篓放于水中，并全部浸没，但不能接触烧杯的底或壁。使天平重新归零，将宝石放入篓中，不要溅出水。再将宝石篓浸没于水中，再次称重。确保宝石完全浸没，并且清除所有的气泡，此时称重为宝石在水中的重量$W_水$。重量的差值$W_空-W_水$就是与该宝石有相等体积的水的重量。将宝石的重量除以同体积水的重量，就是宝石的相对密度。即以下公式：

$$SG = \frac{W_空}{W_空 - W_水}$$

注意事项：为确保宝石的测量更准确，首先要擦干净宝石，使宝石表面没有油脂，然后用细刷子刷去样品表面的气泡。此外，此方法不太适用于多孔隙的材料，因多孔隙材料容易吸水，导致测试误差较大而影响宝石定名。为了得到较精确的数值，建议多测试几次。（图4-53至图4-55）

三、重液法

测量宝石相对密度的另一个方法是使用比重液或重液（表4-6），但通常在实验室使用。优点：适用

图4-53　电子天平及各部件　　　　图4-54　部件组装　　　　图4-55　用单盘天平测试宝石的相对密度SG

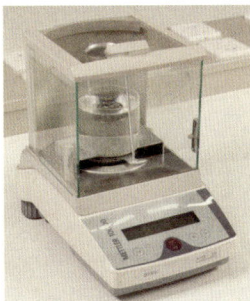

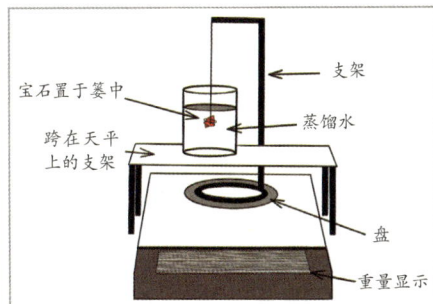

于那些因较小而无法用静水称重法确定相对密度的宝石。可以快速区分某些外观相似的宝石，或者测定宝石的近似折射率值。缺点：有些重液属于危险品，或价格昂贵，应注意实验室通风。由于重液具有挥发性，有时候需要校准。

　　测试方法：首先将宝石放入不同密度值的比重液中，看其沉浮情况，从而判断其相对密度值范围。然后洗净待测宝石，通常先将宝石缓慢地放入比重较大的比重液中，宝石下沉，即密度>重液；宝石漂浮，即密度<重液；宝石悬浮，即密度相近。注意：更换重液前应将宝石擦拭干净。（图4-56）

表4-6　常见重液

比重液名称	比重数值	标志矿物
二碘甲烷中加入1-溴萘	2.65	石英
二碘甲烷中加入1-溴萘	3.05	粉红色碧玺
二碘甲烷	3.33	翡翠

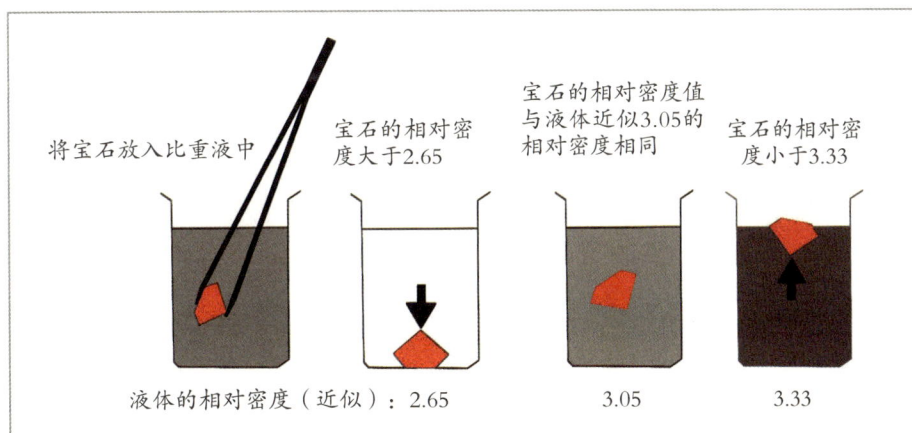

图4-56　使用比重液测试相对密度

　　重液有毒性和腐蚀性，使用时不要接触人体和衣服；保持环境通风，不同密度的重液不能混淆，否则密度值会改变；重液价格昂贵，应节约使用；使用后密封瓶盖，防止重液挥发。

四、课后习题与思考

1. 名词解释：均质体与非均质体、光率体、光轴。

2. 请简述利用折射仪测定刻面型宝石的方法及注意事项。

3. 请简要说明正交偏光镜下可能观察到的几种现象。

4. 请简述利用二色镜观察宝石时，透明的彩色均质体宝石和非均质体宝石分别可能会出现的情况。

5. 请简述棱镜式分光镜和光栅式分光镜的几种观察方法。

6. 请简述静水称重法测定宝玉石相对密度的步骤。

5

第五章
常见天然宝石

章节前导
Chapter preamble

课程重点：

天然宝石主要指天然产出的单晶体矿物，包括钻石和彩色宝石，这些宝石在自然界中产量少，晶莹剔透，经过人工切磨构成天然珠宝玉石的主体。国际市场上根据稀有程度将其分为常见宝石和稀有宝石，根据价值又可以将其分为高档宝石和中低档宝石。

本章学习重点：

钻石、刚玉（红宝石和蓝宝石）、金绿宝石、绿柱石、尖晶石、石榴石、碧玺、水晶、托帕石、长石、橄榄石、锆石的化学成分、晶体结构、宝石学特征、常见品种及产地等。

天然宝石是由自然界产出，具有美观性、耐久性、稀少性，可加工成饰品的矿物单晶体（可含双晶）。比如钻石、尖晶石、红宝石、水晶等。

第一节　钻石

钻石的矿物名称叫金刚石。钻石的名字来自古希腊语，有"坚固无敌"的意思，也是4月生辰石，象征坚贞、纯洁的爱情。

钻石不仅硬度高，而且光泽强，具有很强的亮度和美丽的火彩，因为钻石光彩夺目，备受关注，所以被誉为"宝石之王"。

一、钻石的性质

（1）化学成分。主要元素为碳（C），除此之外，还含有氮（N）、硼（B）、氢（H）等微量元素。它们的存在关系到钻石的类型和性质。Ⅰ型钻石含氮；Ⅱ型钻石含极少量的氮，Ⅱa型钻石不含硼，Ⅱb型钻石含硼。

（2）结晶状态：晶质体。晶系：等轴晶系。晶体习性：常见八面体、菱形十二面体、立方体晶形，晶面常发育阶梯状生长纹、生长锥或蚀象。（图5-1至图5-3）

（3）颜色。无色至浅黄色（褐色、灰色）系列：无色、浅黄色、浅褐色、浅灰色等色。彩色系列：黄色、褐色、灰色，及由浅至深的蓝色、绿色、橙色、粉红色、红色、紫红色、黑色等色。（图5-4至图5-6）

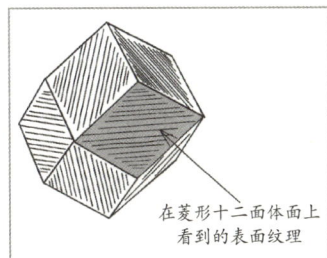

图5-1　菱形十二面体习性　　图5-2　八面体习性　　图5-3　双晶，有时在晶面可见三角形生长标志

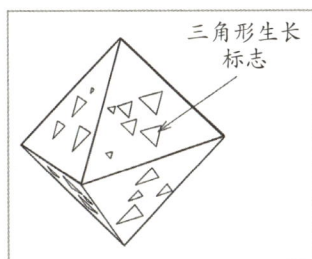

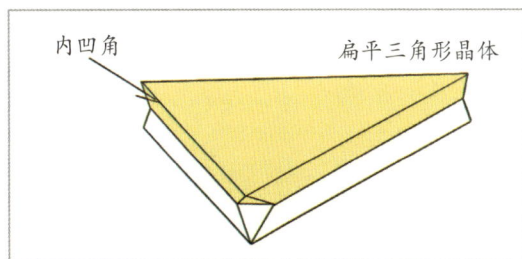

图5-4　无色钻石　　　　　图5-5　黄色钻石　　　　　图5-6　粉色钻石

（4）光泽：金刚光泽。

（5）解理：中等解理。

（6）摩氏硬度：10。不同方向及不同产地晶体的硬度稍有不同。

（7）密度：3.52（±0.01）g/cm^3。

（8）光性特征：均质体，偶见异常消光。

（9）多色性：无。

（10）折射率：2.417。

（11）双折射率：无。

（12）色散：强，0.044，是天然无色宝石中最大色散值的宝石。

（13）荧光观察：从无至强，有蓝色、黄色、橙黄色、粉色等色，短波下荧光常弱于长波。有些钻石具有磷光。

（14）吸收光谱：绝大多数Ⅰa型钻石于415nm处均具吸收谱带。

（15）放大观察：有浅色至深色矿物包体、云状物、点状包体、羽状纹、生长纹、内凹原始晶面、原始晶面、解理、刻面棱线锋利。（表5-1）

表5-1　钻石常见包裹体

浅色矿物包体	深色矿物包体	云状物	羽状纹

（16）特殊性质：热导性，钻石热导率高（0.35卡/厘、秒、度）。

（17）发光性：在X射线下大多数发天蓝色荧光或浅蓝色荧光，极少数不发荧光；在阴极射线下发蓝色光或绿色光。

（18）导电性：Ⅱa型钻石为非常好的绝缘体，Ⅱb型钻石为优质高温半导体材料。

（19）特殊光学效应：变色效应（极稀少）。

（20）其他性质：耐酸耐碱，化学性质稳定。熔点高，在纯氧中加热至1770℃时会分解，在真空中加热到1700℃时会变成石墨。

二、主要产地

目前世界商业性开采钻石的国家有20多个，其中排名靠前的国家有俄罗斯、澳大利亚、刚果、博茨瓦纳、南非共和国、加拿大，整个非洲的钻石产量约占世界钻石产量的一半。

澳大利亚于1972年发现金伯利岩钻石矿，1979年发现钾镁煌斑岩钻石矿，西澳北部阿盖尔为主要矿区，以彩钻为主。

中国著名的钻石产地有辽宁瓦房店、山东蒙阴和湖南沅江流域。前两处产地均为原生金伯利岩矿床，后者为砂矿。其中以辽宁瓦房店的钻石品质最好，宝石级钻石占比较高。

第二节 红宝石与蓝宝石

刚玉矿物的宝石品种中红宝石与蓝宝石是最重要的彩色宝石品种。红宝石（Ruby）因红色而得名，顶级的红宝石产自缅甸抹谷矿区，并以鸽血红（Pigeon Blood）著称；蓝宝石（Sapphire）虽然以蓝色得名，但实际上除了红宝石以外，其他颜色的刚玉矿物均叫作蓝宝石。顶级的蓝宝石颜色以皇家蓝（Royal Blue）或矢车菊蓝（Cornflower Blue）著称。红宝石是7月的生辰石，蓝宝石是9月的生辰石。（图5-7）

一、红宝石

（1）化学分子式：三氧化二铝（Al_2O_3），含铬（Cr），也可含铁（Fe）、钛（Ti）、锰（Mn）、钒（V）等元素。

（2）结晶状态：晶质体。晶系：三方晶系。晶体习性：六方柱状、桶状，少数呈板状或叶片状。常见单形：六方柱、菱面体、六方双锥、平行双面体。柱面上常有较粗的横纹，在菱面体表面上发育有三角形生长标志。（图5-8至图5-10）

图5-7 缅甸仰光的大金塔顶端镶嵌有2317颗红宝石、蓝宝石

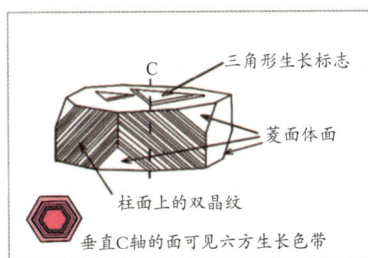

图5-8 刚玉的板状习性

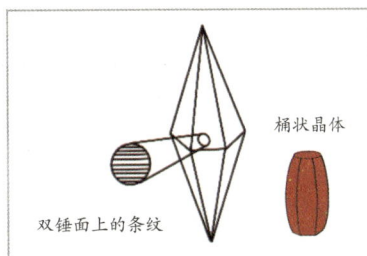

图5-9 刚玉的锥状习性

图5-10 红宝石原石晶体

（3）颜色：刚玉是他色宝石，因含铬离子含量不同而形成，红色、橙红色、紫红色、褐红色等不同颜色。

（4）光泽：玻璃光泽至亚金刚光泽。

（5）解理：无解理，双晶发育的宝石可显三组裂理，如平行底面方向和平行菱面体面。

（6）摩氏硬度：9。略具有方向性，同时产地不同稍有差异。

（7）密度：4.00（±0.05）g/cm³，有坠手感。同时，随着杂质元素的不同及含量的多少，会有变化。

（8）光性特征：非均质体，一轴晶，负光性。

（9）多色性：强，紫红色、橙红色。

（10）折射率：1.762～1.770（+0.009，-0.005）。

（11）双折射率：0.008～0.010。

（12）荧光观察：长波从弱至强，呈红色、橙红色；短波从无至中，呈红色、粉红色、橙红色，少数深红色。（图5-11、图5-12）

（13）吸收光谱：铬吸收光谱。694nm、692nm、668nm、659nm处有吸收线，620nm～540nm处有吸收带，476nm、475nm处有强吸收线，468nm处有弱吸收线，紫光区吸收。（图5-13）

（14）放大检查：气液包体、指纹状包体、矿物包体，有色带及生长纹、双晶纹；负晶，丝状包体、针状包体、雾状包体。不同产地的宝石内含物特征不同。（图5-14至图5-17）

图5-11
鸽血红宝石戒指

图5-12
红宝石裂理发育，可见暗色的核

图5-13
红宝石的吸收光谱

图5-14
红宝石中三组针状包体

图5-15
红宝石中管状包体

图5-11

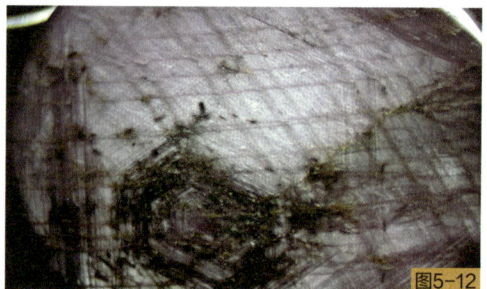
图5-12

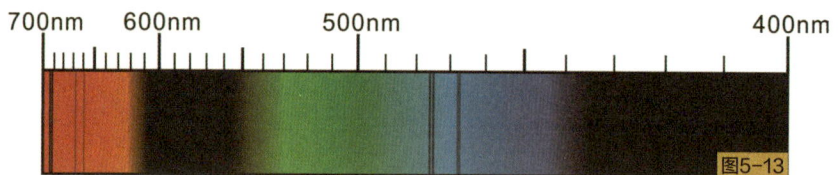
图5-13

图5-14

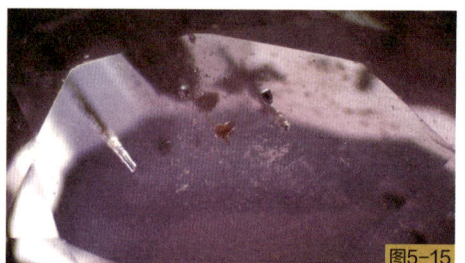
图5-15

（15）特殊光学效应：星光效应（常见六射星光）、猫眼效应（稀少）。（图5-18）

（16）产地：著名的产地有缅甸的抹谷、巴基斯坦北部的罕萨、坦桑尼亚的翁巴地区，阿富汗、俄罗斯、澳大利亚、泰国、柬埔寨、越南等也有地区出产。

图5-16　红宝石中深色矿物包体　　　图5-17　红宝石中浅色矿物包体　　　图5-18　星光红宝石女戒

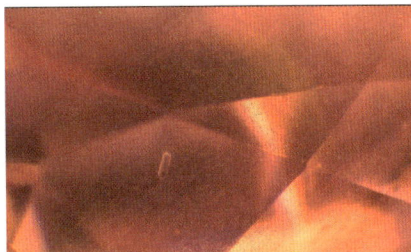

二、蓝宝石

（1）化学分子式：三氧化二铝（Al_2O_3），可含铁（Fe）、钛（Ti）、铬（Cr）、钒（V）、锰（Mn）等元素。

（2）结晶状态：晶质体。晶系：三方晶系。晶体习性：六方柱状、桶状，少数呈板状或叶片状。（图5-19）

图5-19　蓝宝石原石晶体

（3）颜色：蓝色、蓝绿色、绿色、黄色、橙色、粉色、紫色、黑色、灰色及无色等。铁（Fe）和钛（Ti）的联合作用导致其呈现蓝色。

（4）光泽：玻璃光泽至亚金刚光泽。

（5）解理：无解理，双晶发育的宝石可显三组裂理。

（6）摩氏硬度：9。与红宝石相似，存在方向性及产地差异。

（7）密度：4.00（±0.05）g/cm^3，有坠手感。山东蓝宝石的密度值可高达4.17g/cm^3。

（8）光性特征：非均质体，一轴晶，负光性。

（9）多色性：强，因颜色而异。蓝色：蓝色、绿蓝色；绿色：绿色、黄绿色；黄色：黄色、橙黄色；橙色：橙色、橙红色；粉色：粉色、粉红色；紫色：紫色、紫红色。

（10）折射率：1.762～1.770（+0.009，−0.005）。

（11）双折射率：0.008～0.010。

（12）荧光观察：蓝宝石大多数无荧光。蓝色：长波从无至强，呈橙红色；短波从无至弱，呈橙红色。粉色：长波较强，呈橙红色；短波较弱，呈橙红色。橙色：通常无，长波下可呈强，橙红色。黄色：长波从无至中，呈橙红色、橙黄；短波由弱红色至橙黄色。紫色、变色：长波由无至强，呈红色；短波由无至弱，呈红色。无色由无至中，呈红色至橙色。黑色、绿色：无。

（13）吸收光谱：Fe吸收光谱；蓝色、绿色、黄色蓝宝石450nm处有吸收带或450nm、460nm、470nm处有吸收线；粉色、紫色及变色蓝宝石具红宝石和蓝色蓝宝石的吸收谱带。（图5-20、图5-21）

（14）放大检查：有气液包体、指纹状包体、矿物包体、色带、生长纹、双晶纹；负晶，丝状包体、针状包体、雾状包体。（图5-22至图5-24）

（15）特殊光学效应：变色效应、星光效应（常见六射星光）。（图5-25、图5-26）

（16）产地：著名的产地有澳大利亚新南威尔士州、中国山东昌乐、克什米尔地区、越南南部地区、美国蒙大拿州等，泰国、柬埔寨、老挝、缅甸、斯里兰卡等也有地区出产。

图5-20
蓝宝石的吸收光谱

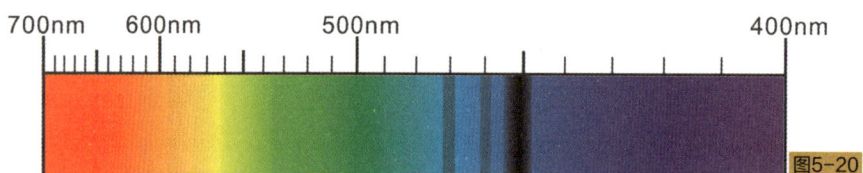

图5-21
蓝宝石的六方色带

图5-22
蓝宝石的指纹状包体

图5-23
蓝宝石褐色片状矿物
包体

图5-24
蓝宝石三组短针状
包体

图5-25
粉红色蓝宝石女戒

图5-26
粉橙色蓝宝石女戒，
业内称"Padparacha"
（帕帕拉恰）

小知识：达碧兹红宝石、蓝宝石

有一种宝石（红宝石、蓝宝石）上有6条不会移动的星线，和哥伦比亚的达碧兹祖母绿很相似。透明至半透明的刚玉被不透明的黄色和白色臂分成6瓣。6条臂由形成红宝石的母岩及大量包体聚集而成，有时汇聚于一点，有时在晶体中心形成六边形的核，核的颜色可能是黄色、黑色或红色。（图5-27）

图5-27 达碧兹红宝石

第三节　金绿宝石

金绿宝石因其独特的黄绿色至金绿色外观及特殊的光学效应而得名。依据其特殊光学效应的有无，可以分为金绿宝石、猫眼、变石和变石猫眼几个品种。其中，猫眼被誉为斯里兰卡的国石，称为"锡兰"猫眼或"东方"猫眼。（图5-28、图5-29）变石，又叫亚力山大变石，在俄国沙皇亚历山大二世生日当天发现。在西方，金绿宝石是五大宝石之一，变石也是6月的生辰石。（图5-30至图5-32）

一、金绿宝石的性质

（1）化学分子式：$BeAl_2O_4$，可含有铁（Fe）、铬（Cr）、钛（Ti）等元素。

（2）结晶状态：晶质体。晶系：斜方晶系。晶体习性：板状、柱状，假六方的三连晶。

（3）颜色：浅至中等黄色、黄绿色、灰绿色、褐色至黄褐色等色，少见浅蓝色。

（4）光泽：玻璃光泽至亚金刚光泽。

（5）解理：三组不完全解理。

（6）摩氏硬度：8~8.5。

（7）密度：3.73（±0.02）g/cm^3。

（8）光性特征：非均质体，二轴晶，正光性。

（9）多色性：三色性，弱至中，黄色、绿色和褐色。

（10）折射率：1.746~1.755（+0.004，−0.006）。

（11）双折射率：0.008~0.010。

（12）荧光观察：长波无色；短波呈黄色、绿黄色宝石通常为无色至黄绿色。

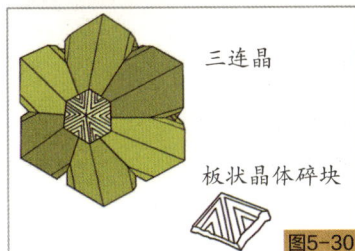

图5-28
斯里兰卡宝石工人淘洗宝石

图5-29
猫眼女戒

图5-30
金绿宝石的三连晶

图5-31
金绿宝石碎块及双晶纹

图5-32
金绿宝石，常见棕黄色，18ct

（13）吸收光谱：蓝紫区445nm强吸收带。（图5-33）

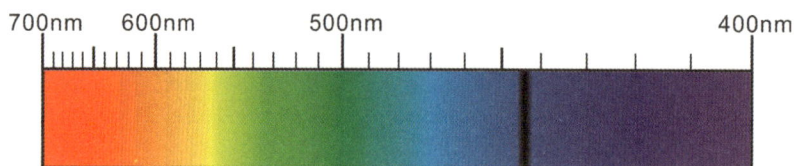

700nm　　600nm　　500nm　　　　　　400nm

图5-33　金绿宝石的吸收光谱，与猫眼的光谱类似

（14）放大检查：气液包体、指纹状包体、丝状包体、双晶纹。（图5-34、图5-35）

图5-34　金绿宝石的指纹状包体

图5-35　金绿宝石的针状包体

二、猫眼

猫眼是金绿宝石中著名品种之一，当金绿宝石中含有大量平行排列的丝状包体，且磨成弧面时，会出现一条亮带，猫眼亮带集中，明亮细直为佳。颜色从黄色至黄绿色、灰绿色、褐色至褐黄色等色；变石猫眼呈蓝绿色和紫褐色，为金绿宝石最稀少的一个品种。猫眼的折射率点测法检测值常为1.74。（图5-36）

三、变石

变石是一种含有微量氧化铬的金绿宝石的变种，透明至半透明，具有强三色性，为绿色、橙黄色和紫红色。变石的珍贵之处在于变色效应，当日光照射到宝石上时，透射最多的为绿光，此时呈现黄绿色、褐绿色、灰绿色至蓝绿色，当富含红光的钨丝灯或者白炽灯照射时，透过的红光居多，此时呈现橙红色、褐红色至紫红色。（图5-37、图5-38）

吸收光谱显示铬谱，680nm、678nm处有强吸收线，665nm、655nm、645nm处有弱吸收线，580nm处有部分吸收带，468nm处有弱吸收线，紫区吸收。（图5-39）

图5-36　猫眼裸石，10ct

图5-37　变石的变色效应，在不同的光源下呈现出不同的颜色

图5-38　俄罗斯变石的针状包体

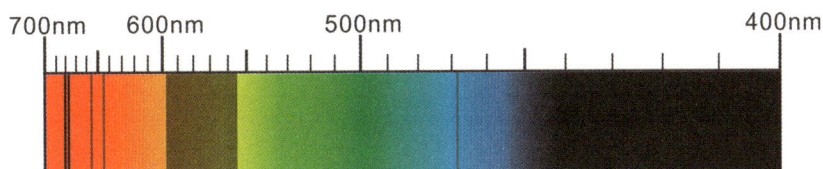

图5-39　变石的光谱

四、金绿宝石的产地

斯里兰卡西南部的特拉纳布拉高尔等地的猫眼较为著名，猫眼和金绿宝石产于砂矿中，斯里兰卡是变石猫眼的唯一产地。优质的变石产自俄罗斯的乌拉尔山脉，晶体较小。斯里兰卡的变石晶体稍大，但质量不如俄罗斯乌拉尔山脉的。此外，巴西、缅甸、津巴布韦等国也出产高质量的金绿宝石。（图5-40）

图5-40　产自斯里兰卡的变石猫眼

第四节　绿柱石

绿柱石是一个大家族，由于其形成条件不同，且品种繁多，其中青翠悦目的祖母绿（Emerald）是最珍贵的品种，也是五大宝石之一，被称为"绿色宝石之王"，是5月的生辰石。（图5-41）深邃优雅的海蓝宝石（Aquamarine）是天蓝色至海蓝色的绿柱石，因酷似海水而得名，是3月的生辰石。其他绿柱石还有粉红色的铯绿柱石、金黄色的金绿柱石、无色绿柱石等。

一、绿柱石的性质

（1）化学分子式：$Be_3Al_2Si_6O_{18}$，可含铁（Fe）、镁（Mg）、钒（V）、铬（Cr）、钛（Ti）、锂（Li）、锰（Mn）、钾（K）、铯（Cs）、铷（Rb）等微量元素。其中铍（Be）和铝（Al）可被不同的微量元素代替，使绿柱石产生各种颜色。

（2）结晶状态：晶质体。晶系：六方晶系。晶体习性：六方柱状，偶见六方板状，常见晶面纵纹。有时发育六方双锥面。（图5-42至图5-44）

图5-41　近乎完美的哥伦比亚祖母绿

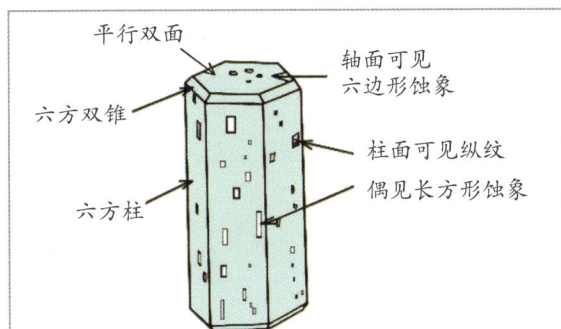

图5-42　绿柱石的晶体习性

图5-43　绿柱石晶体

图5-44　海蓝宝石原石晶面纵纹，有时纵纹模糊

（3）颜色：无色、绿色、黄色、浅橙色、粉色、红色、蓝色、棕色、黑色等色，粉红色绿柱石又叫摩根石。

（4）光泽：玻璃光泽。

（5）解理：一组不完全解理，断口呈贝壳状至参差状。

（6）摩氏硬度：7.5～8。

（7）密度：2.72（+0.18，−0.05）g/cm^3。

（8）光性特征：非均质体，一轴晶，负光性。

（9）多色性：弱至中，因颜色而异。黄色：弱，绿黄色、黄色，或不同色调的黄。绿色：弱至中，蓝绿色、绿色，或不同色调的绿。粉红色：弱至中，浅红色、紫红色。

（10）折射率：1.577～1.583（±0.017），双折射率：0.005～0.009，一般为0.006。注意：红色绿柱石的折射率、双折射率偏大。

（11）荧光观察：通常弱。无色绿柱石，无至弱，呈黄色或粉色荧光。黄色、绿色绿柱石，通常无。粉红色绿柱石，无至弱，呈粉色或紫色荧光。

（12）吸收光谱：不同品种的绿柱石吸收光谱不同，祖母绿显示铬，致色宝石的光谱，海蓝宝石由铁致色，但光谱不太明显。海蓝色宝石铁的吸收（后述），祖母绿铬的吸收（后述）。

（13）放大检查：不同品种，特征有所不同。常见气液包体、三相包体、矿物包体、平行管状包体，有生长纹。

（14）特殊光学效应：可以具有猫眼和星光（少）效应。猫眼效应常出现于海蓝色宝石和粉色品种，但是光带往往不明显，效果较弱。

二、祖母绿（图5-45、图5-46）

（1）颜色：浅绿色至深绿色、蓝绿色和黄绿色。绿色由微量铬离子造成，也有微量的钒掺入。

（2）密度：2.72（+0.18，−0.05）g/cm^3。不同产地的祖母绿密度值不同。

（3）多色性：中至强，蓝绿色、黄绿色。

（4）折射率：1.577～1.583（±0.017），双折射率：0.005～0.009。注意：不同产地的祖母绿折射率与双折射率会稍有不同。

图5-45　祖母绿原石晶体

图5-46　巴基斯坦祖母绿

（5）荧光观察：通常无。有时长波：弱，呈橙红色、红色荧光。短波：弱，橙红色、红色荧光（短波下的荧光常弱于长波下的荧光）。

（6）吸收光谱：主要呈现铬的吸收，红区683nm、680nm处有强吸收线，662nm、646nm处有弱吸收线，橙黄区477nm～638nm间有部分吸收带，紫区全吸收。（图5-47）

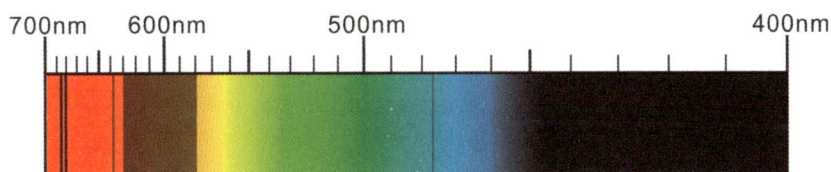

图5-47　祖母绿的吸收光谱

（7）查尔斯滤色镜检查：绝大多数的祖母绿在滤色镜下，呈红色至粉红色；某些产地的祖母绿，如印度、南非的，呈绿色。

（8）放大检查：祖母绿的许多内含物特征，结合折射率、双折射率、化学成分等，可以指示宝石的产地。典型的有气液包体、三相包体、矿物包体（云母、黄铁矿、透闪石、阳起石、方解石等），生长纹、色带，裂隙较发育（可被铁质成分浸染呈现褐色或黑色）。（图5-48至图5-50）

（9）祖母绿的切割：为了展现祖母绿较深的绿色和便于镶嵌，常采用"祖母绿琢型"，俗称"阶梯型"。（图5-51）

图5-48　祖母绿纤维状包裹体

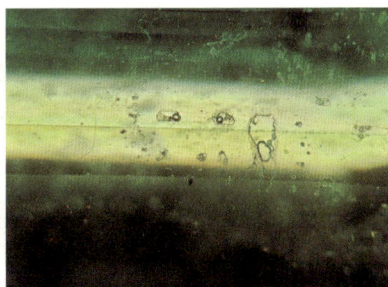

图5-49　祖母绿气液两相包体

图5-50　祖母绿深褐色片状矿物包体

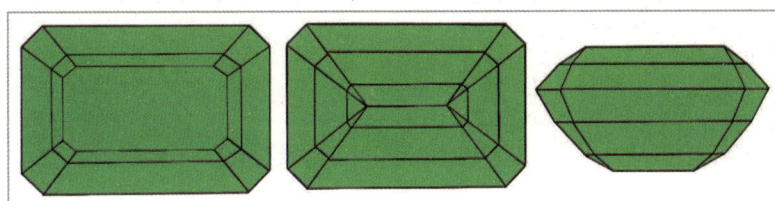

图5-51　祖母绿琢型

（10）产地：哥伦比亚是世界著名的祖母绿产地，俄罗斯、印度、津巴布韦、南非、澳大利亚、巴西、奥地利、巴基斯坦、赞比亚国内部分地区及中国云南等地也产优质的祖母绿。

小知识：达碧兹祖母绿

达碧兹祖母绿是一种特殊类型的祖母绿，产于哥伦比亚，具有特殊的生长特征。木佐矿区产出的祖母绿在绿色的祖母绿中间有暗色的核心和放射状的黑臂。契沃尔矿区的祖母绿在绿色的中心有一个六边形的核心向外伸出六条黑臂。（图5-52）

图5-52　哥伦比亚祖母绿，木佐达碧兹（左），契沃尔达碧兹（右）

三、海蓝宝石

海蓝宝石含铍（Be）、铝（Al）、铁（Fe）等元素，颜色呈浅蓝色、绿蓝色至蓝绿色，通常色调较浅。与祖母绿不同的是，海蓝宝石的晶体通常比较大，多色性，弱至中等，呈蓝色、绿蓝色，或不同色调的蓝色。（图5-53、图5-54）

海蓝宝石由Fe谱致色，吸收光谱于537nm、456nm处有弱吸收线，427nm处有强吸收线，370nm处有吸收线，依颜色变深而变强，但通常不明显。紫外荧光下不发光，查尔斯滤色镜下呈现浅蓝绿色。

典型的包裹体特征是平行管状包体，断续出现呈雨丝状排列，量大时可形成猫眼效应。常出现雨丝状气液或雪花状气液内含物及薄片状的云母。纯净的宝石有时候很干净。（图5-55至图5-57）

巴西圣马利亚是世界优质海蓝宝石的产地，俄罗斯乌拉尔山脉，以及马达加斯加、缅甸、美国、津巴布韦、印度国内部分地区与中国新疆阿勒泰等地也出产宝石级的海蓝宝石。

图5-53　海蓝宝石裸石，437ct

图5-54　顶级色的海蓝宝石晶体

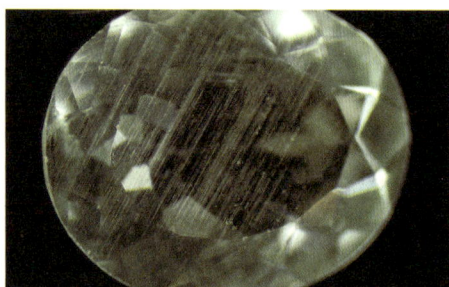

图5-55　海蓝宝石平行管状的雨丝状包体

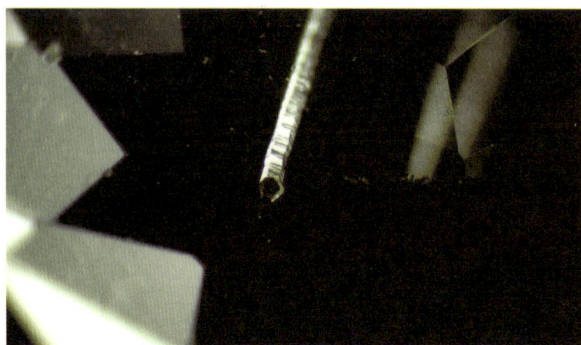

图5-56　海蓝宝石六边形的熔蚀管道

图5-57　海蓝宝石特殊的油滴片状包体

四、其他绿柱石品种

（1）绿色绿柱石：颜色为浅至黄绿色、蓝绿色、绿色绿柱石，由铁致色，无铬元素。注意与祖母绿的概念进行区分。

（2）黄色绿柱石：也称金色绿柱石，颜色呈绿黄色、橙色、黄棕色、金黄色等，由铁致色，有些有猫眼效应。

图5-58　摩根石

（3）粉红色绿柱石：也称摩根石（Morganite），颜色有粉红色、浅橙红色及浅紫红色、玫瑰红色、桃红色。由锰致色。少量稀有金属铯和铷的代替，使其SG、RI、DR均偏高。此外多注意观察多色性、发光性等。（图5-58）

（4）红色绿柱石：价格昂贵，产自美国犹他州托马斯山。

（5）马克西西绿柱石：产自巴西，遇光或热会褪色。

第五节　尖晶石

尖晶石在古代一直被误认为是红宝石。目前最著名的尖晶石有361克拉的"铁木尔红宝石"（Timur Ruby）和1660年被镶嵌在英帝国国王王冠上的约170克拉的"黑王子红宝石"（Black Prince's Ruby），直到近代才被鉴定出是尖晶石。红色尖晶石以其鲜艳的红色、明亮的光泽、较高的硬度受到人们的追捧。（图5-59）

图5-59　皇家皇冠藏于圣彼得堡的尖晶石，重398.72ct

一、尖晶石的性质

（1）化学分子式：$MgAl_2O_4$，可含有铬（Cr）、铁（Fe）、锌（Zn）、锰（Mn）等元素。这些元素可与Mg、Al发生完全或不完全类质同象代替。

（2）结晶状态：晶质体。晶系：等轴晶系。晶体习性：八面体，有时与菱形十二面体和立方体成聚形。（图5-60至图5-62）

（3）颜色：红色、橙红色、粉红色、紫红色、无色、黄色、橙黄色、褐色、蓝色、绿色、紫色等色。但是要注意很少能见到纯的绿色和黄色。（图5-63）

（4）光泽：玻璃光泽至亚金刚光泽。

（5）解理：不完全解理。

（6）摩氏硬度：8。

（7）密度：3.60（+0.10，−0.03）g/cm^3，黑色近于$4.00g/cm^3$。

图5-60
尖晶石的晶体习性，并可
见晶面三角形标志；双
晶，可见凹角及扁平的三
角形习性

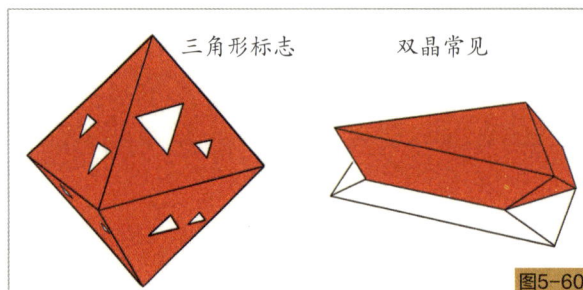

图5-61
大理石岩上的尖晶石原石

图5-62
八面体原石，八面体和菱
形十二面体聚形原石

图5-63
红色和粉色尖晶石

图5-60　三角形标志　双晶常见

图5-61

图5-62

图5-63

（8）光性特征：均质体。

（9）多色性：无色。

（10）折射率：1.718（+0.017，-0.008），随着锌（Zn）、铁（Fe）、铬（Cr）等元素增加，折射率逐渐增大，最高可至2.00。

（11）双折射率：无。

（12）发光性：红色、橙色、粉色。长波由弱至强，呈红色光、橙红色光；短波由无至弱，呈红色光、橙红色光。绿色：长波由无至中，呈橙色光至橙红色光。其他颜色：通常无。

（13）吸收光谱：红色、粉色尖晶石由铬元素致色。光谱主要是黄绿区的595nm～490nm处有强吸收带，红区685nm、684nm处有强吸收线，656nm处有弱吸收线。蓝色、紫色尖晶石致色元素为铁或少量钴：于460nm处有强吸收带，430nm～435nm、480nm、550nm、565nm～575nm、590nm、625nm处有吸收线。（图5-64、图5-65）

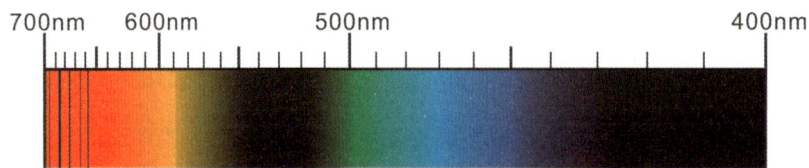

图5-64　红色尖晶石铬吸收光谱：红区两条强吸收线，黄绿区有明显吸收带

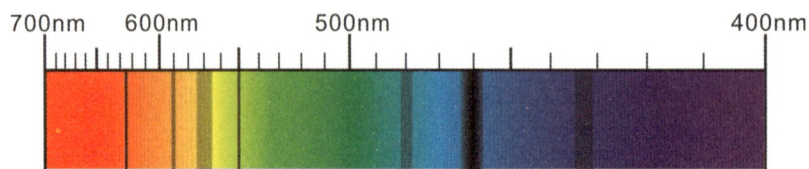

图5-65　蓝色尖晶石：460nm处有强吸收带（合成蓝色尖晶石不可见）

（14）放大检查：有气液包体、矿物包体、生长纹、双晶纹，细小八面体负晶，可单个存在或呈指纹状分布。（图5-66至图5-68）

（15）特殊光学效应：星光效应（稀少，四射星光或六射星光，主要产自斯里兰卡），变色效应。（图5-69）

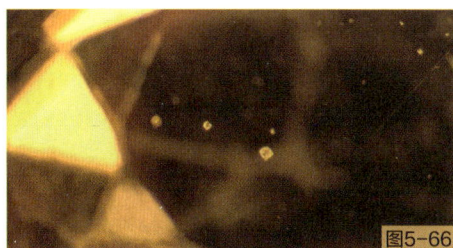

图5-66
尖晶石的八面体包体

图5-67
尖晶石的串珠状包体

图5-68
缅甸尖晶石的浑圆状晶体包体

图5-69
棕褐色的斯里兰卡星光尖晶石，常见有六射星光或四射星光

二、尖晶石的产地

大多数宝石级尖晶石发现于冲积扇中，主要产地有缅甸抹谷及斯里兰卡、肯尼亚、尼日利亚、坦桑尼亚、巴基斯坦、越南、美国和阿富汗等国。

第六节　石榴石

石榴石的英文名称源于拉丁语，意为"像种子"或"有许多种子"。石榴石的家族有多个著名的品种，而颜色上集中在红色、黄色和绿色三大色系。红色石榴石是1月份的生辰石。（图5-70、图5-71）

图5-70　石榴石与长石共生　　　图5-71　石榴石原石

一、石榴石的性质（表5-2）

（1）化学分子式：$X_3Y_2(SiO_4)_3$，其中X为钙（Ca）、镁（Mg）、铁（Fe）、猛（Mn）等，Y为铝（Al）、铁（Fe）等，整个石榴石家族可视为类质同象系列。

表5-2 石榴石的性质对照表

品种	常见颜色	密度（g/cm³）	折射率
镁铝榴石	由中至深，橙红色、红色、紫红色	3.78（+0.09，−0.16）	1.714～1.742，常为1.740
铁铝榴石	棕红色至红色、紫红色至红紫色，色调较暗	4.05（+0.25，−0.12）	1.790（±0.030）
锰铝榴石	黄橙色、红色、红褐色	4.15（+0.05，−0.03）	1.810（+0.004，−0.020）
钙铝榴石	由浅绿色至深绿色、浅黄色至深黄色、橙红色、褐色，少见无色	3.61（+0.12，−0.04）	1.740（+0.020，−0.010）
钙铁榴石	黄色、绿色、褐黑色	3.84（±0.03）	1.888（+0.007，−0.033）
钙铬榴石	绿色	3.75（±0.03）	1.850（±0.030）

铝质系列：镁铝榴石、铁铝榴石、锰铝榴石这3个品种之间可以产生完全的类质同象。

钙质系列：钙铝榴石、钙铁榴石、钙铬榴石。

类质同象发生在钙铝榴石与钙铁榴石，钙铁榴石与钙铬榴石之间。两个不同系列的石榴石之间也发生一定的类质同象作用，但程度差一些，例如铁钙铝榴石。

（2）结晶状态：晶质体。晶系：等轴晶系。晶体习性：通常具有完好的晶形，常见的晶形有菱形十二面体、四角三八面体等，也有两者的聚形。晶面上常常有聚形的花纹。（图5-72）

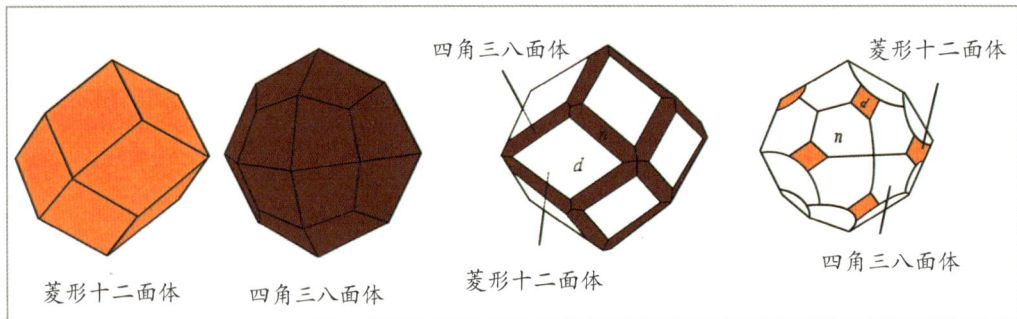

图5-72 石榴石晶体习性，常见单形类型有菱形十二面体、四角三八面体及两者的聚形

（3）颜色：除蓝色之外的各种颜色。三大色系：红色、黄色、绿色。

（4）光泽：玻璃光泽至亚金刚光泽。（依折射率不同略有差异。）

（5）解理：无解理。

（6）摩氏硬度：7～8。（与类质同象代替有关，不同品种硬度略有不同。）

（7）密度：3.50g/cm³～4.30g/cm³。受类质同象代替的影响，不同品种的石榴石密度值变化明显。研究表明，石榴石的密度值与折射率值成正相关。

（8）光性特征：均质体，常见异常消光。（与应力作用导致的石榴石内部晶格变动或类质同象代替有关。）

（9）多色性：无。

（10）折射率：铝质系列，1.710～1.830。钙质系列，1.734～1.940。

（11）双折射率：无。

（12）荧光观察：通常无（有助于区别其他红色宝石），近于无色、黄色、浅绿色钙铝榴石可呈弱橙黄色荧光。

（13）吸收光谱：不同的石榴石的吸收光谱差别较大，石榴石的颜色多样性是由不同的致色元素导致的，其中最重要的还是类质同象代替改变了对光的吸收，因而产生不同的吸收光谱。

（14）放大检查：有气液包体、矿物包体、针状包体、不规则或浑圆状晶体包体，锆石放射晕圈，钙铁榴石中可见马尾状包体（典型）。

图5-73　四射星光及六射星光石榴石

（15）特殊光学效应：星光效应（稀少），通常四射星光，偶见六射星光（铁铝榴石），具变色效应。（图5-73）

二、镁铝榴石（图5-74）

（1）化学分子式：$Mg_3Al_2(SiO_4)_3$，镁铝硅酸盐，少量的铁（Fe）、猛（Mn）代替镁（Mg）。其中镁（Mg）和铁（Fe）最容易形成完全的类质同象代替。

（2）颜色：红色和紫红色，红色由少量铁和铬导致。

（3）光泽：玻璃光泽至明亮的玻璃光泽。

（4）放大检查：针状包裹体，通常含较少的包裹体。

图5-74　镁铝榴石

（5）吸收光谱：575nm～505nm处有宽吸收带，含铁者440nm、445nm处有吸收线，由于绝大多数镁铝榴石含铁，因此常常呈现出铁铝榴石的吸收光谱，即黄区、绿区、蓝绿区处有吸收带。优质镁铝榴石有铬吸收（红区）带。（图5-75）

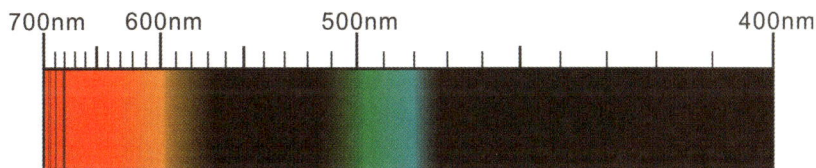

图5-75　镁铝榴石的吸收光谱

（6）产地国：南非（产自金伯利岩）、斯里兰卡、俄罗斯、美国等。20世纪前多开采自波希米亚（捷克）。

三、铁铝榴石（图5-76）

（1）化学分子式：$Fe_3Al_2(SiO_4)_3$、铁（Fe）常被镁（Mg）、锰（Mn）代替，形成类质同象代替。

（2）颜色：伴棕色调的红色或紫色调的红色，以及深紫色。

（3）光泽：明亮的玻璃光泽。

（4）偏光镜下：多呈现异常消光。

（5）放大检查：圆的或不规则的晶体包裹体，有时伴有应力裂隙，即锆石晕圈；针状金红石包裹体

是特征包裹体，通常为平行菱形十二面体边缘。（图5-77、图5-78）

（6）吸收光谱：铁所致，黄区、绿区、蓝绿区4条带，有时伴有橙区1个弱吸收带和蓝区1个窄吸收带。绿区和黄区496nm～518nm、527nm、573nm～277nm处有强吸收带，423nm、460nm、610nm、680nm～690nm处有弱吸收带。（图5-79）

（7）特殊光学效应：四射星光或六射星光。

（8）产地国：产于变质岩中。巴西、印度、马达加斯加、斯里兰卡、坦桑尼亚、美国和赞比亚等。

图5-76　铁铝榴石

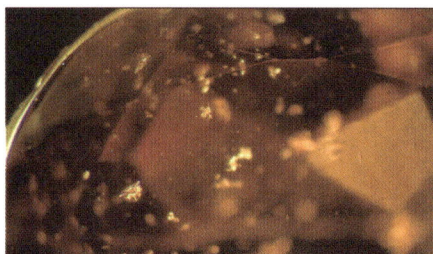

图5-77　铁铝榴石中有圆的晶体包裹体并伴有应力裂隙

图5-78　铁铝榴石三组针状金红石包裹体

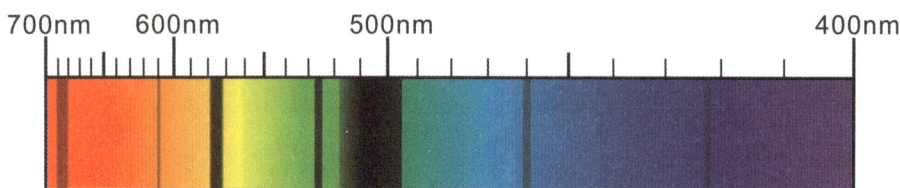

图5-79　铁铝榴石吸收光谱

小知识：红榴石

依据国家标准《珠宝玉石鉴定》GB/T16553-2017，红榴石为铁铝榴石与镁铝榴石之间的过渡品种$(Mg, Fe)_2Al_2(SiO_4)_3$，折射率1.760（+0.010，-0.020），密度3.84（±0.10）g/cm^3，吸收光谱基本与铁铝榴石相同。国外的其他相关资料对此也没有准确的定名划分。

四、锰铝榴石（图5-80）

（1）化学分子式：$Mn_3Al_2(SiO_4)_3$，锰铝硅酸盐。

（2）颜色：黄橙色、红色、褐红色，有时亮橙色品种叫"芬达石"。

（3）光泽：明亮的玻璃光泽。

（4）放大观察：多样的波浪状晶体、浑圆状晶体、不规则状晶体或液态包裹体。（图5-81）

（5）吸收光谱：锰离子（Mn^{2+}）的吸收，405nm～418nm、420nm、430nm处有吸收带，460nm、480nm、520nm处有吸收带，有时可于504nm弱吸收带、573nm处有吸收线。锰产生的光谱由紫区两个较弱的吸收带和蓝绿区、蓝区和紫区伴生的4个较弱的带组成。有时伴有铁铝榴石的光谱。要注意观察蓝紫区。（图5-82）

（6）产地国：产于伟晶岩中，巴西、马达加斯加、缅甸、斯里兰卡、澳大利亚、纳米比亚和美国等。

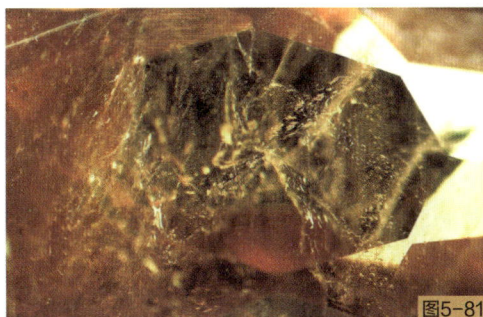

图5-80
锰铝榴石

图5-81
锰铝榴石的面纱状愈合
裂隙

图5-82
锰铝榴石的吸收光谱

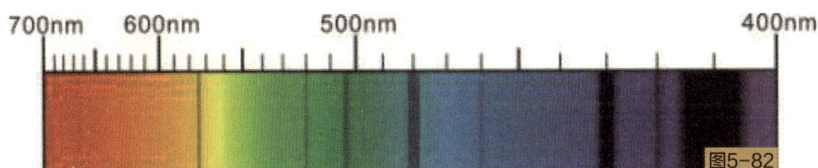

图5-82

五、钙铝榴石

为钙榴石系列最常见的品种。

（1）化学分子式：$Ca_3Al_2(SiO_4)_3$，钙铝硅酸盐。

（2）颜色：淡黄色、褐色、绿色和橙色。

（3）光泽：玻璃光泽到明亮的玻璃光泽。

（4）常见品种：

图5-83　黄色的钙铝榴石

①铁钙铝榴石〔Hessonite，也称贵榴石（GB/T16553-2017）〕。

化学成分钙离子（Ca^{2+}）被亚铁离子（Fe^{2+}）形成含铁的钙铝榴石，（Ca，Fe）$_3Al_2(SiO_4)_3$。颜色为棕色调的黄色到棕色调的红色，以及橙色、褐黄色，颜色由Fe^{3+}所致。（图5-83）放大检查可见热浪效应：粒状外观由大量圆形晶体和"油状"或"旋涡状"内部效应所导致。因内部含大量包裹体，偏光镜下需多注意判断全亮的假象。吸收光谱在407nm、430nm处有吸收线。

大多数产于变质灰岩中，产地国有斯里兰卡（宝石砾）、巴西、加拿大、巴基斯坦、坦桑尼亚等。

②铬钒钙铝榴石（Tsavorite）。

市场俗称"沙福莱"。颜色由亮蓝绿色到黄绿色。钒和铬可能是其致色元素。有些在查尔斯滤色镜下显粉红色或红色。放大能观察到针状到纤维状包裹体、羽状体等。产于肯尼亚、马达加斯加、巴基斯坦和坦桑尼亚等国的变质岩中。

六、钙铁榴石

（1）化学分子式：$Ca_3Fe_2(SiO_4)_3$，钙铁硅酸盐，其中钙离子（Ca^{2+}）常被镁离子（Mg^{2+}）和锰离子（Mn^{2+}）置换，铁离子（Fe^{3+}）常被铝离子（Al^{3+}）代替，当部分的铁离子被铝离子置换时，就是翠榴石。含钛较多的黑色钙铁榴石称为黑榴石。

（2）颜色：绿色（翠榴石）、黑色（黑色几乎不透明，黑色钙铁榴石）、黄色、褐色等。

（3）光泽：明亮的玻璃光泽到亚金刚光泽。

（4）透明度：透明至半透明。

（5）吸收光谱：紫区440nm处有吸收带，红区618nm、634nm、685nm、690nm处有吸收线。

（6）常见品种：翠榴石（Demantoid）。

颜色：绿色和黄绿色。绿色由铬所致。滤色镜下呈浅红色。放大观察纤维状矿物的放射状集合体，也叫马尾丝包裹体，俄罗斯产几乎都有马尾丝。色散值0.057，比钻石还高。吸收光谱为铬离子（Cr^{3+}），紫区440nm处有吸收线，红区701nm处有铬吸收线。俄罗斯乌拉尔山产的宝石级翠榴石，主要以浑圆卵石和圆化的晶体产出在冲积层中，纳米比亚也产。（图5-84至图5-88）

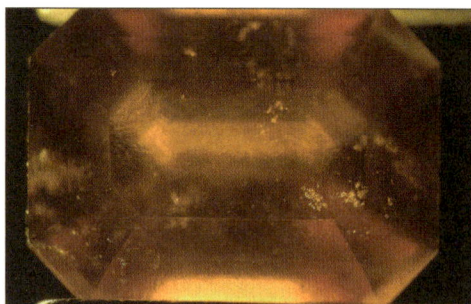
图5-84　铁钙铝榴石的热浪效应

图5-85　铬钒钙铝榴石的针状包体

图5-86　钙铁榴石

图5-87　俄罗斯翠榴石，3ct

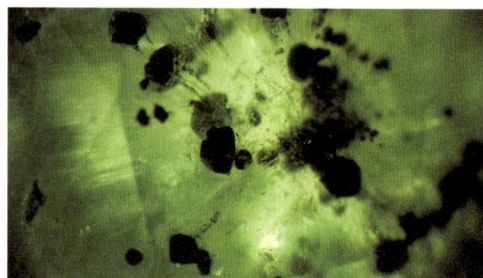
图5-88　翠榴石典型的马尾丝状包体，铬铁矿包体

七、钙铬榴石（图5-89）

化学分子式：$Ca_3Cr_2(SiO_4)_3$，其中铬离子（Cr^{3+}）通常被少量铁离子（Fe^{3+}）置换，因此钙铬榴石是一种与翠榴石相似的品种。绿色也由铬致色。颜色鲜艳，绿色、蓝绿色，晶体较小，多用晶簇制成首饰。滤色镜下呈浅红色。

图5-89　钙铬榴石

第七节　碧玺

碧玺因颜色艳丽、品种丰富、性质良好而获得大家的喜爱。17世纪，巴西向欧洲出口了大量的深绿色碧玺，被誉为"巴西祖母绿"。18世纪，根据其"吸灰"的特点，被称为"吸灰石"。北京的故宫博物院收藏了大量的碧玺饰物，如朝珠、挂坠等。碧玺近些年深受广大消费者的喜爱，在彩色宝石市场占有重要的地位。（图5-90）

图5-90　"西瓜"碧玺戒面，92.29ct

一、碧玺的性质

碧玺的矿物学名称为电气石。

（1）化学分子式：（Na，K，Ca）（Al，Fe，Li，Mg，Mn）$_3$（Al，Cr，Fe，V）$_6$（BO$_3$）$_3$（Si$_6$O$_{18}$）（OH，F）$_4$，是极其复杂的硼硅酸盐，以含硼（B）为特征。

（2）结晶状态：晶质体。晶系：三方晶系。晶体习性：浑圆三方柱状或复三方锥柱状晶体，晶面纵纹发育，横截面往往呈现球面三角形。晶体两端晶面不同。（图5-91至图5-93）

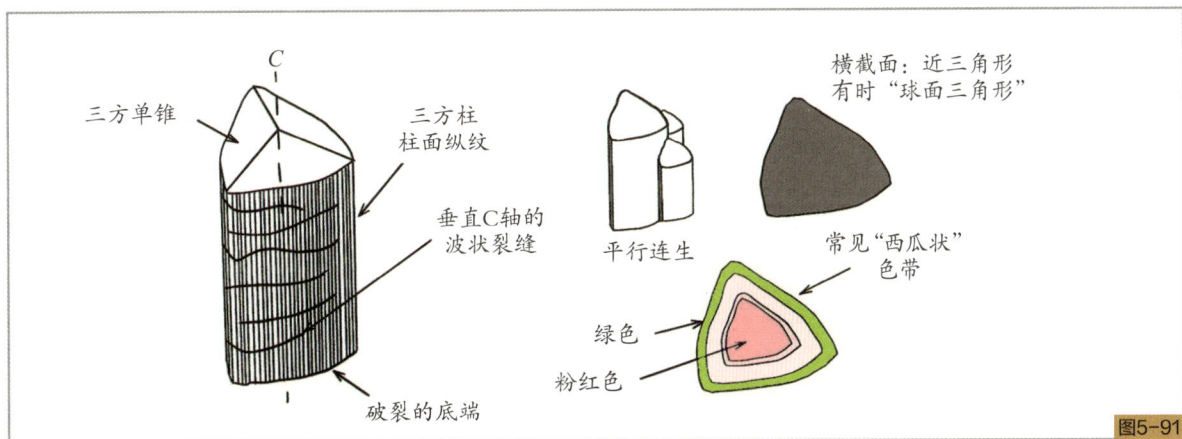

图5-91
碧玺的晶体习性

图5-92
碧玺原石：三角形横截面，单形三方柱+六方柱+三方单锥

图5-93
碧玺原石晶面纵纹

（3）颜色：各种颜色，质纯者无色，有红色系列、蓝色系列、绿色系列及其他各种颜色，晶体不同部位可呈双色或多色，比如晶体的内外，或者不同部位。（图5-94）

（4）光泽：玻璃光泽。

图5-94　各色碧玺

（5）解理：无解理，贝壳状断口。

（6）摩氏硬度：7～8。

（7）密度：3.06（+0.20，-0.06）g/cm^3。密度与成分有密切关系，当铁（Fe）、锰（Mn）含量高时密度增加。

（8）光性特征：非均质体，一轴晶，负光性。

（9）多色性：中至强，多色性颜色随体色而变化，呈现出深浅不同的体色。

（10）折射率：1.624～1.644（+0.011，-0.009）。折射率随成分变化而变化，当含有一定量的铁（Fe）、锰（Mn）时折射率增大。黑色碧玺的折射率可高达1.627～1.657。

（11）双折射率：0.018～0.040，通常0.020，暗色可达0.040。

（12）荧光观察：通常无。红色、粉红碧玺：弱，红色至紫色。

（13）吸收光谱：红色、粉红色碧玺，绿区具宽吸收带，有时可见525nm处有窄吸收带，451nm、458nm处有吸收线。蓝色、绿色碧玺，红区普遍吸收，498nm处有强吸收带。

（14）放大观察：气液包体、矿物包体，生长纹、色带，典型的不规则针状包体、平行线状包体，可见双折射现象。通常红色碧玺包体较多，绿碧玺较干净。（图5-95、图5-96）

（15）特殊光学效应：有猫眼效应（红色、蓝色、绿色居多）、变色效应（稀少）。（图5-97）

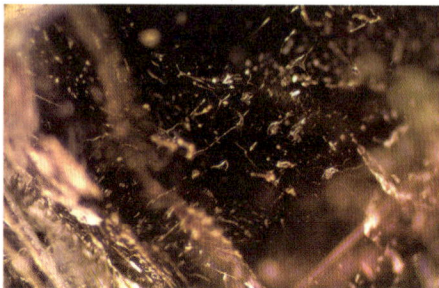

图5-95　碧玺的气液包体　　　　　图5-96　碧玺的针状包体　　　　　图5-97　碧玺猫眼

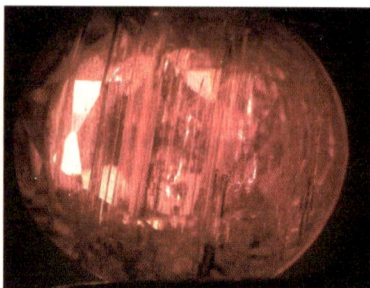

（16）电学性质：

①压电性：碧玺是无对称中心的宝石。当碧玺沿着特定方向受力时，能够在垂直应力的两边表面产生数量相等、符号相反的电荷，且荷点量与压力成正比。②热电性：温度改变时，在Z轴两端产生相反的电荷，易吸附灰尘，因此也叫"吸灰石"。

二、碧玺的产地

碧玺成分中含有挥发性组分硼（B）及水（H_2O），多产于花岗伟晶岩及气成热液矿床中。世界上有许多国家出产碧玺，如巴西、斯里兰卡、缅甸、俄罗斯、意大利、肯尼亚、美国等。我国主要产自新疆阿尔泰、云南哀牢山和内蒙古地区，颜色丰富，质量好。

第八节　水晶

水晶矿物名称为石英（Quartz），是自然界分布最为广泛的矿物，也是珠宝界应用数量和范围颇大的一类宝石。为最常见、最普通的宝石，在自然界中石英常呈单晶或集合体产出，可呈显晶质、隐晶质，其中单晶石英在珠宝界统称为水晶（Rock crystal）。

一、水晶的性质

水晶的矿物名称为石英。

（1）化学分子式：SiO_2，纯净时形成无色透明的晶体，可含有钛（Ti）、铁（Fe）、铝（Al）等元素，产生色心，形成不同的颜色，如紫色、黄色、烟色等。

（2）结晶状态：晶质体。晶系：三方晶系。晶体习性：六方柱状晶体。柱面横纹发育。单形为六方柱、菱面体、三方双锥等，由于菱面体的发育，从外形上看呈假六方双锥。（图5-98、图5-99）

（3）颜色：无色，浅紫色至深紫色，浅黄色至深黄色，浅褐色至深褐色，绿色至黄绿色，浅粉色至中粉红色等色。紫晶：浅紫色至深紫色。黄晶：浅黄色至深黄色。烟晶：浅褐色至深褐色。绿水晶：绿色至黄绿色。芙蓉石：浅红色至中粉红色，色调较浅。发晶：无色、浅黄色、浅褐色等，可因含金红石常呈金黄色、褐红色等色。含电气石常呈灰黑色，含阳起石而呈灰绿色。

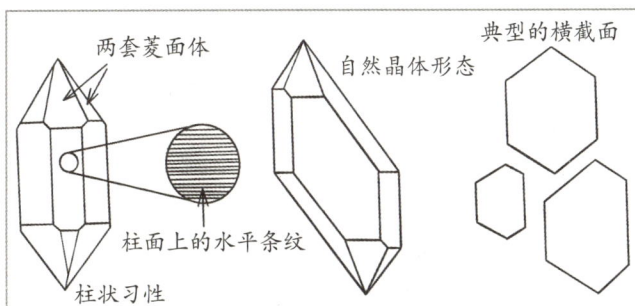

图5-98　水晶的晶体习性

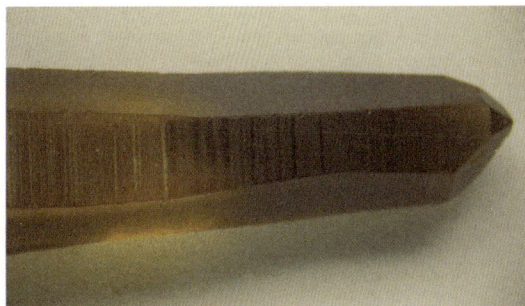

图5-99　水晶原石柱面横纹

（4）光泽：玻璃光泽。

（5）解理：无解理。

（6）摩氏硬度：7。

（7）密度：2.66（+0.03，-0.02）g/cm³。

（8）光性特征：非均质体，一轴晶，正光性，可有牛眼干涉图，紫晶常有巴西律双晶。（图5-100）

（9）多色性：弱性，因颜色而异。

（10）折射率：1.544～1.553，比较稳定。

（11）双折射率：0.009。

（12）荧光观察：无。

（13）吸收光谱：无特征吸收光谱。

（14）放大检查：有气液包体、三相包体、生长纹、色带、双晶纹，针状金红石、电气石等矿物包体，负晶。（图5-101至图5-105）

（15）特殊光学效应：有星光效应（六射星光，常见于芙蓉石中）、猫眼效应。（图5-106）

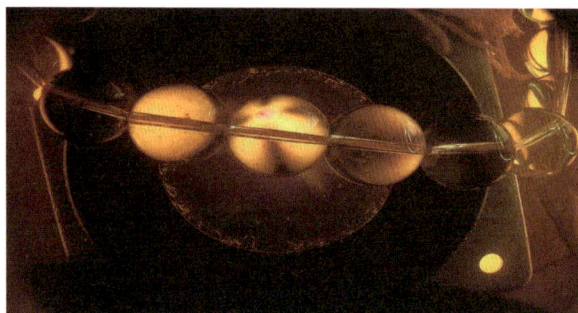

图5-100　水晶牛眼干涉图

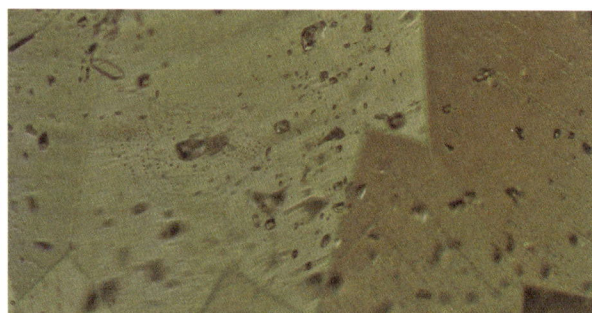

图5-101　水晶中的负晶

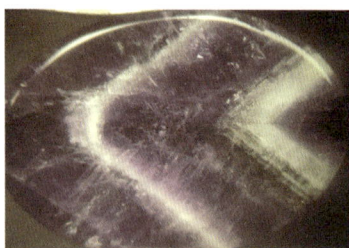

图5-102　紫晶的色带

图5-103　水晶的似蠕虫状矿物包裹体

图5-104　发晶的深色矿物包体

图5-105　发晶的金红石包体

图5-106　星光芙蓉石

二、水晶的产地

水晶主要产自伟晶岩或晶洞中。几乎全世界都有水晶产出，而彩色水晶的产地主要是巴西米纳斯吉拉斯、俄罗斯乌拉尔，以及马达加斯加、美国、缅甸等国内部分地区。

我国水晶资源丰富，25个省区都有水晶产出。江苏是优质水晶产地，东海被誉为"水晶之乡"。此外，海南、新疆、四川也是高品质水晶的产地。（图5-107）

图5-107 各类水晶饰品

第九节 托帕石

托帕石的英文名称源自红海扎巴贾德岛，又叫"托帕焦斯"，意为"难寻找的"。托帕石因其硬度大和颜色美丽而成为自古以来比较贵重的宝石，被当作11月的生辰石，又是结婚16周年的纪念宝石，象征友谊和幸福。

无色的托帕石可以作为钻石的仿制品。

一、托帕石的性质

托帕石在矿物学中属于黄玉族。

（1）化学分子式：含有$Al_2SiO_4(F, OH)_2$，氟和羟基的硅酸盐，其中氟离子（F^-）可被氢氧根（OH^-）所代替，氟离子（F^-）和氢氧根（OH^-）比值的变化，会影响托帕石的物理性质。此外，还可含锂（Li）、铍（Be）、钙（Ga）等微量元素，粉红色可含铬（Cr）。

（2）结晶状态：晶质体。晶系：斜方晶系。晶体习性：柱状，柱面常有纵纹。采自砂矿的托帕石常常为磨蚀的椭圆形。（图5-108）

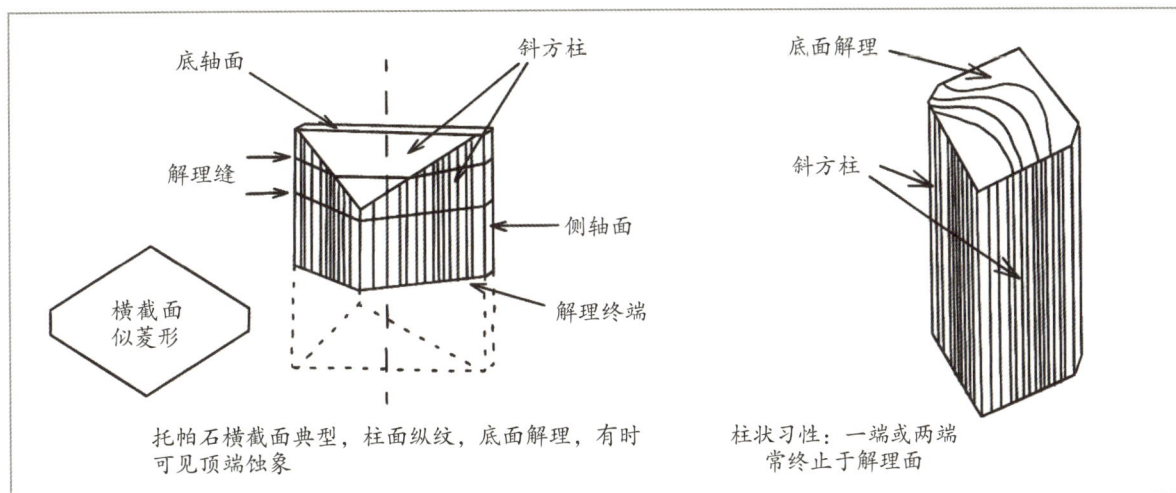

底轴面　斜方柱　底面解理

解理缝　侧轴面

横截面似菱形　解理终端　斜方柱

托帕石横截面典型，柱面纵纹，底面解理，有时可见顶端蚀象

柱状习性：一端或两端常终止于解理面

图5-108 托帕石的晶体习性

（3）颜色：无色、淡蓝色、蓝色、黄色、绿色、粉色、粉红色、褐红色等色。值得一提的是，长期的日光照射会使托帕石的颜色褪色。（图5-109、图5-110）

（4）光泽：玻璃光泽。

（5）解理：{001}一组完全解理。常常平行于底面断开，看不到它完整的形态，韧性差。（图5-111）

图5-109 托帕石晶体　　图5-110 各种颜色的托帕石原石　　图5-111 托帕石原石平行于底面的一组完全解理

（6）摩氏硬度：8。

（7）密度：3.53（±0.04）g/cm³。随着晶体的氟离子（F^-）被氢氧根（OH^-）代替而减小。

（8）光性特征：非均质体，二轴晶，正光性。

（9）多色性：弱至中。黄色：褐黄色、黄色、橙黄色；褐色：黄褐色、褐色；红色、粉色：浅红色、橙红色、黄色；绿色：蓝绿色、浅绿色；蓝色：不同色调的蓝色。

（10）折射率：1.619～1.627（±0.010）。折射率随着成分中氟离子（F^-）和氢氧根（OH^-）含量的变化而变化，与氟离子（F^-）的含量呈反比，而与氢氧根（OH^-）的含量呈正比。无色、褐色托帕石的折射率通常在1.61～1.62，比红色、橙色、黄色和粉红色托帕石的折射率（1.63～1.64）低。

（11）双折射率：0.008～0.010。无色、褐色及蓝色托帕石双折射率在0.010左右，红色、橙色、黄色及粉红色托帕石双折射率在0.008左右。

（12）荧光观察：长波由无至中，浅褐色和粉红色托帕石呈橙黄色荧光、黄色荧光，蓝色和无色托帕石无荧光，有时有很弱的绿黄色荧光。短波由无至弱，橙黄色、黄色、绿白色荧光。

（13）吸收光谱：无特征吸收光谱。

（14）放大检查：与大多数宝石相比，托帕石的包裹体相对较少，通常比较干净。有气液包体、三相包体、矿物包体（云母、钠长石、电气石、赤铁矿等），具生长纹、负晶等，有时气液两相充填的管状包裹体平行排列，可形成猫眼效应（有时还可见渔网状液相包体和彗星状包体）。（图5-112至图5-115）

（15）特殊光学效应：猫眼效应（稀少）。

二、托帕石的产地

托帕石是典型的气成热液矿物。世界上绝大多数的托帕石产自巴西的花岗伟晶岩中，斯里兰卡、俄罗斯乌拉尔、美国、缅甸、澳大利亚等地也有发现。我国内蒙古、江西和云南等地也产托帕石。

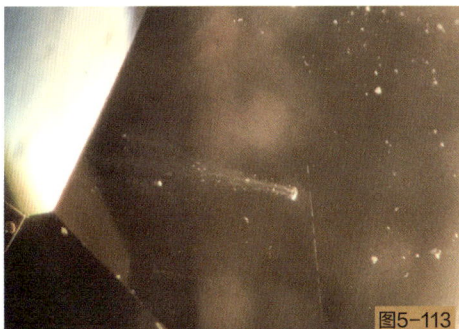

图5-112
托帕石中的渔网状液相包体

图5-113
托帕石中的彗星状包体

图5-114
托帕石中的针状矿物包体

图5-115
托帕石中的气液包体

第十节　橄榄石

橄榄石是一种古老的宝石，古埃及人在公元前1000多年前就用它做饰物；古罗马人称它为"太阳的宝石"，并用作护身符，以驱除邪恶。至今，橄榄石仍然以独特的草绿色在宝石王国中占有一席之地。橄榄石也是8月的生辰石。（图5-116、图5-117）

一、橄榄石的性质

（1）化学分子式：$(Mg，Fe)_2SiO_4$，类质同象系列是其特点。

（2）结晶状态：晶质体。晶系：斜方晶系。晶体习性：柱状或短柱状，完好晶形的少见，常为不规则粒状。（图5-118）

（3）颜色：黄绿色、绿色、褐绿色等色。色调主要随着铁（Fe）含量的多少而变化，含铁（Fe）量越高，颜色越深。橄榄石由本身所含的铁（Fe）致色，典型的自色矿物，颜色稳定。

图5-116　橄榄石原石晶体

图5-117　橄榄石戒面

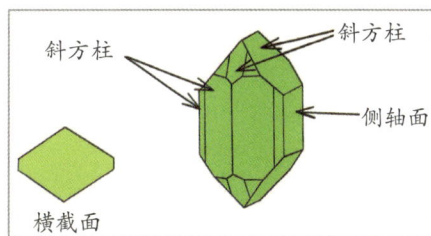

图5-118　橄榄石晶体习性

（4）光泽：玻璃光泽。

（5）解理：{010}解理中等，{001}不完全。脆性较大。

（6）摩氏硬度：6.5～7。

（7）密度：3.34（+0.14，−0.07）g/m³。

（8）光性特征：非均质体，二轴晶，正光性或负光性。

（9）多色性：弱性，绿色、黄绿色。如果颜色浅，基本看不到多色性。

（10）折射率：1.654～1.690（±0.020），随着铁（Fe）的含量增加而增大。

（11）双折射率：0.035～0.038，常为0.036。

（12）荧光观察：无。在长波、短波紫外光下无荧光与磷光反应。

（13）吸收光谱：铁（Fe）致色，在蓝区和绿区有3个等间距的吸收带，位于453nm～497nm之间。（图5-119）

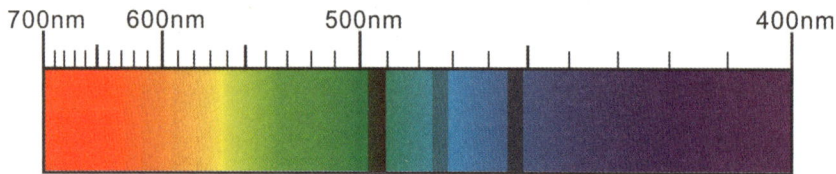

图5-119 橄榄石的吸收光谱

（14）放大检查：盘状气液包体、矿物包体，负晶，双折射现象明显。（图5-120、图5-121）

（15）特殊光学效应：有星光效应、猫眼效应（稀少）。（图5-122）

图5-120 橄榄石的负晶与圆盘状裂隙组成的"睡莲叶包体"

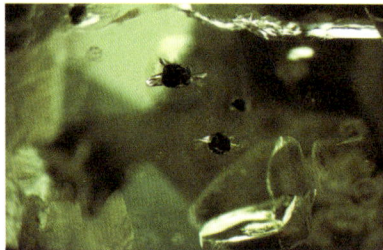

图5-121 橄榄石的深色矿物包裹体，伴随有应力纹

图5-122 橄榄石的后刻面菱面重影

二、橄榄石的产地

埃及扎巴贾德岛（Zabargad）、缅甸、印度、美国、巴西、墨西哥、哥伦比亚、阿根廷、智利、巴拉圭、挪威、俄罗斯、巴基斯坦均有地区产宝石级橄榄石。中国的著名产地有河北张家口、山西天镇、吉林蛟河。

第十一节　长石

长石的英文名称"Feldspar"是从德文"Feldspath"演化而来。"Spar"是裂开的意思，刚好表达了长石的完全解理的特征。长石族的宝石品种繁多，丰富的特殊光学效应是其特点，也比较受欢迎，比如月光石、日光石、拉长石等。长石各品种参数对比见表5-3。

表5-3　长石各品种参数对比

名称	折射率	双折射率	密度（g/cm^3）
月光石	1.518～1.526（±0.010）	0.005～0.008	2.58（±0.03）
天河石	1.522～1.530（±0.004）	0.008（通常不可测）	2.56（±0.02）
日光石	1.537～1.547（+0.004，−0.006）	0.007～0.010	2.65（+0.02，−0.03）
拉长石	1.559～1.568（±0.005）	0.009	2.70（±0.05）

一、长石的性质

（1）化学分子式：$XAlSi_3O_8$，X为钠（Na）、钾（K）、钙（Ca）。大多数长石都包括在钾长石、钠长石、钙长石的三种端元成分组成的混溶矿物中。

钾长石：$KAlSi_3O_8$，可含钡（Ba）、钠（Na）、铷（Rb）、锶（Sr）等元素。

斜长石：$NaAlSi_3O_8$–$CaAl_2Si_2O_8$。

其中钾长石和钠长石高温条件下形成完全的类质同象，构成钾长石系列$KAlSi_3O_8$–$NaAlSi_3O_8$，钠长石和钙长石也能形成完全类质同象，构成斜长石系列$NaAlSi_3O_8$–$CaAl_2Si_2O_8$，而钾长石和钙长石基本不混溶。（图5-123）

长石按照成分分为两大类：

①钾长石系列：根据化学成分可以分为正长石、透长石和微斜长石，以及歪长石。

②斜长石系列：根据化学成分可以分为钠长石、奥长石、中长石、拉长石、培长石和钙长石。

（2）结晶状态：晶质体。

晶系：钾长石的月光石为单斜晶系，天河石为三斜晶系。斜长石的日光石和拉长石均属于三斜晶系。（图5-124）

晶体习性：板状，短柱状晶形。双晶普遍发育，斜长石发育聚片双晶，钾长石常发育卡氏双晶、格子状双晶等。（图5-125）

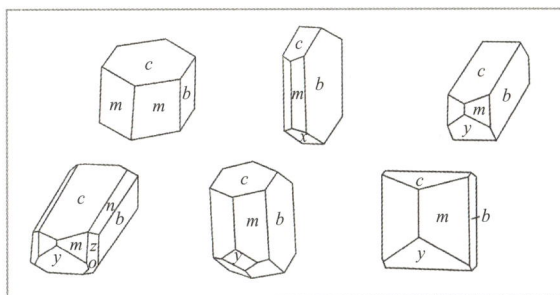

图5-123　长石的晶体形态

图5-124　天河石原石晶体　图5-125　长石和烟晶共生

（3）颜色：常见无色至浅黄色、绿色、橙色、褐色等色。月光石：无色至白色，具蓝色、黄色或无色月光效应。（图5-126）天河石：亮绿色、亮蓝绿色至浅蓝色，常见绿色和白色的格子状色斑。（图5-127）日光石：黄色、橙黄色至棕色，具红色或金色砂金效应。（图5-128）拉长石：灰色至灰黄色、橙色至棕色、棕红色、绿色等色，可具晕彩效应。（图5-129）

图5-126 某些月光石具有猫眼效应　　图5-127 天河石　　图5-128 此日光石除砂金效应外，还可见四射星光效应　　图5-129 拉长石晕彩，聚片双晶纹清晰

（4）光泽：玻璃光泽。

（5）解理：两组完全解理。

（6）摩氏硬度：6~6.5，偏低。

（7）密度：2.55g/cm³~2.75g/cm³。

（8）光性特征：非均质体，二轴晶，正光性或负光性。

（9）多色性：一般不明显，黄色正长石和彩色斜长石可显示不同的多色性。

（10）折射率：1.508~1.572。

（11）双折射率：0.005~0.010。

（12）荧光观察：紫外荧光灯下可显示无荧光至弱荧光，为白色、紫色、红色、黄色、粉红色、黄绿色、橙红色等颜色。

（13）吸收光谱：通常无特征吸收光谱。

（14）放大观察：解理，双晶纹，气液包体、矿物包体、针状包体等。月光石：解理发育，可见两组解理近于垂直相交排列构成的蜈蚣状包体、指纹状包体、针状包体。（图5-130）天河石：常见网格状色斑。（图5-131）日光石：常见红色或金色的板状包体，具金属质感。（图5-132）拉长石：常见双晶纹，可见针状或板状包体。（图5-133）

（15）特殊光学效应：有月光效应、晕彩效应、猫眼效应、砂金效应、星光效应。

月光石的月光效应：当白色的光照到宝石上因宝石内特殊的结构产生干涉颜色，在宝石表面可见到白色至蓝色的闪光，有似朦胧月光。成因：这是由于正长石出溶有钠长石，钠长石在正长石晶体内定向分布，两种长石的层状晶体平行相互交生，折射率略有差异而出现干涉色。

晕彩效应：样品转动到某一角度时，可见整块样品亮起来，可显示蓝色、绿色、橙色、黄色、金黄色、紫色和红色晕彩。成因：晕彩和变彩产生的原因是拉长石中有成分不同的斜长石的微小的互层状溶

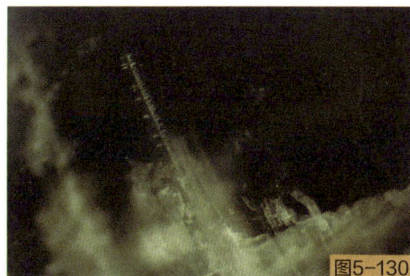
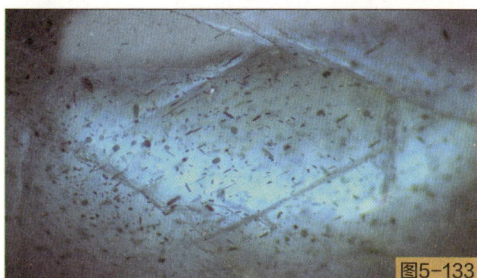

图5-130
月光石的蜈蚣状包体

图5-131
天河石的白色网络状色斑

图5-132
日光石内部的金属矿物薄片

图5-133
拉长石晕彩效应，且可见内部的深色包体，某些定向排列

体，成分不同的长石在折射率上略有差异，造成光的干涉，形成晕彩和变彩。

砂金效应成因：大致定向排列的金属矿物薄片，如赤铁矿和针铁矿，随着宝石转动，反射出红色或金色反光。

二、长石的产地

月光石的重要产地是斯里兰卡，其他有马达加斯加、缅甸、坦桑尼亚等，中国月光石主要产自内蒙古、河北、安徽、四川、云南等地；天河石主要产自印度、巴西和美国，我国新疆、甘肃、云南均有产出；日光石最主要的产地是挪威南部、俄罗斯贝加尔湖地区等；拉长石主要产自加拿大、美国、芬兰。

第十二节　锆石

锆石，又叫锆英石，是地球上较古老的宝石之一。因其稳定性好而成为同位素地质年代学最重要的定年矿物，已测出的最老的锆石形成于43亿年前。因其外观出色，无色锆石可作为钻石代替品。锆石也是12月的生辰石。（图5-134）

一、锆石的性质

（1）化学分子式：$ZrSiO_4$，可含钙（Ca）、镁（Mg）、锰（Mn）、铁（Fe）、铝（Al）、磷（P）、铪（Hf），以及放射性元素铀（U）、钍（Th）等。

（2）结晶状态：晶质体。由于放射性微量元素影响，使结晶程度降低，物理性质也随之改变。根据结晶程度，可分为高、中、低三种类型。其中高型、中型为结晶态，低型近乎非晶态。晶系：四方晶

图5-134 各色锆石

系。晶体习性：晶体常呈四方双锥状、柱状、板柱状。（图5-135、图5-136）

（3）颜色：无色、蓝色、黄色、绿色、褐色、橙色、红色、紫色等色。

（4）光泽：玻璃光泽至金刚光泽。

（5）解理：无解理。

（6）摩氏硬度：6～7.5。

（7）密度：通常为3.90g/cm³～4.73g/cm³。高型：4.60g/cm³～4.80g/cm³。中型：4.10g/cm³～4.60g/cm³。低型：3.90g/cm³～4.10g/cm³。

（8）光性特征：非均质体，一轴晶，正光性。

（9）多色性：通常为弱，因颜色而异。蓝色：强，蓝色、棕黄色至无色。绿色：多色性很弱，绿色、黄绿色。橙色至褐色：弱至中，紫棕色、棕黄色。红色：中，紫红色、紫褐色。

（10）折射率：折射率从高型至低型逐渐变小。高型：1.925～1.984（±0.040）。中型：1.875～1.905（±0.030）。低型：1.810～1.815（±0.030）。

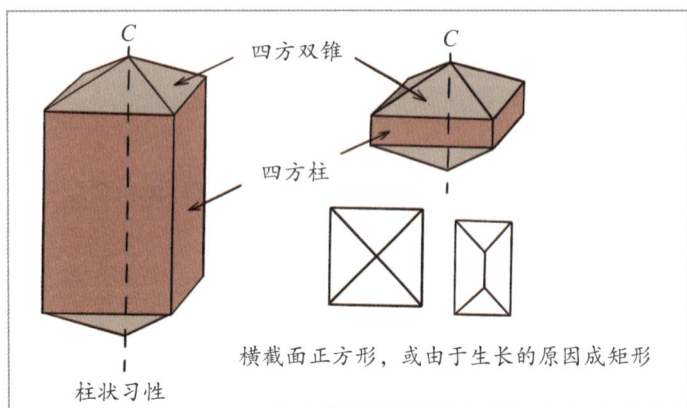

图5-135 锆石晶体习性

图5-136 锆石原石晶体，四方柱和四方双锥的聚形

（11）双折射率：0.001～0.059。

（12）荧光观察：紫外灯下一般无荧光，但有些具有很强的荧光，荧光中总带有不同程度的黄色。蓝色锆石：长波由无荧光至中等，呈浅蓝色；短波，无荧光。绿色锆石：通常无荧光。黄色、橙黄色锆石：无荧光至中等，呈黄色、橙色。红色、橙红色锆石：由无荧光至强荧光，具黄色、橙色。棕色、褐色锆石：无荧光至极弱荧光，呈红色。

X射线下，不同颜色和不同类型的锆石具有不同的荧光色和荧光强度。多数锆石具有白色或蓝紫色荧光，也有些带绿色、黄色荧光。

（13）吸收光谱：可见两条到四十多条吸收线，特征吸收为653.5nm处有吸收线。典型光谱（铀谱）：红区653.5nm处有强吸收线（诊断线）。（图5-137）同时还有多条吸收线（多达40条），称之为"风琴谱"。绿色锆石：可达40条吸收线。蓝色、无色锆石：可只有653.5mm处有吸收线。

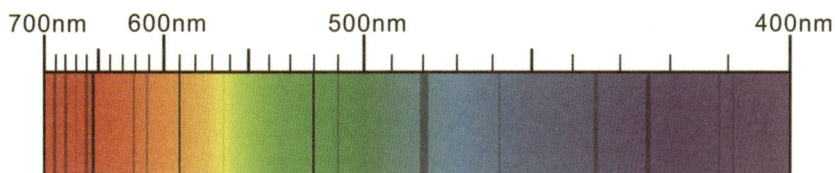

图5-137　锆石的吸收光谱：铀谱，红区最强的吸收线是653.5nm

（14）放大检查：气液包体、矿物包体。高型锆石双折射现象明显；中低型锆石中可见平直的分带现象，絮状包体；性脆，棱角易磨损。（图5-138至图5-140）

（15）特殊光学效应：猫眼效应（稀少）。（图5-141）

图5-138　锆石不规则的裂纹及矿物包体

图5-139　蓝色锆石的双折射重影

图5-140　锆石的平行色带

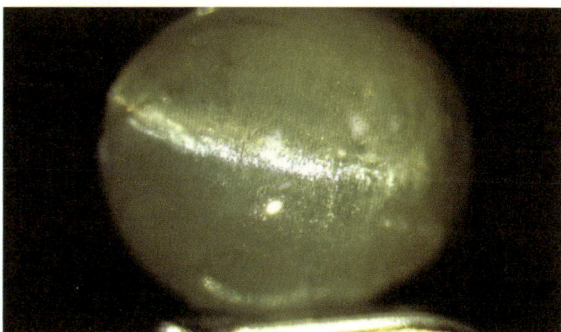

图5-141　锆石猫眼

二、锆石的产地

宝石级锆石主要产地国有斯里兰卡、缅甸、法国、英国、俄罗斯、巴基斯坦等。我国宝石级锆石发现于福建、海南、新疆、辽宁、黑龙江、江苏、山东等地。目前,产自越南中部高地的红褐色锆石原料,经过热处理后,产生无色、蓝色、金黄色。

三、课后习题与思考

1. 请说明钻石的宝石学性质。
2. 请简述红宝石与蓝宝石的鉴别特征。
3. 请简述祖母绿的宝石学性质。
4. 请简述金绿宝石的宝石学性质。
5. 请对比说明红宝石与红色尖晶石的关键鉴别特征。
6. 请列表说明水晶、托帕石、碧玺的主要鉴别特征。
7. 请列表说明石榴石中不同品种的光谱及内含物特征。
8. 长石家族的宝石常常有哪些特殊光学效应?
9. 请总结出橄榄石的关键鉴别特征。
10. 请总结锆石的关键鉴别特征。

6

第六章

常见天然玉石

章节前导
Chapter preamble

课程重点：

天然玉石包括矿物集合体和少数非晶体，根据玉石材料和硬度、自然界产出量的多少以及工艺特点将玉石分为高档、中低档和雕刻石等几大类。

本章学习重点

欧泊、翡翠、和田玉、岫玉、绿松石、石英质玉、独山玉、蔷薇辉石、菱锰矿、孔雀石、青金石、方钠石的矿物组成、化学成分、结构、宝石学特征、常见品种及产地等。

天然玉石是由自然界产出，具有美观、耐久、稀少性和工艺价值，可加工成饰品的矿物集合体，少数为非晶质体，如翡翠、欧泊等。

第一节　欧泊

"万千虹彩石上流""上帝的调色盘"都是对以特殊的变彩效应闻名于世的欧泊的描述。高品质的欧泊将各种色彩集于一身，它绚丽多彩的颜色给人们以无限的遐想，因此被定为10月的生辰石，也被称为"希望之石"。

一、欧泊的性质

矿物名称：蛋白石。

（1）化学分子式：$SiO_2 \cdot n H_2O$，含水量不定，一般在4%～9%。

（2）结晶状态：非晶质体。

（3）颜色：各种体色。白色变彩欧泊可称为白欧泊（图6-1）；黑色、深灰色、蓝色、绿色、棕色或其他深体色欧泊，可称为黑欧泊（图6-2）；橙色、橙红色、红色欧泊，可称为火欧泊。

（4）光泽：玻璃光泽至树脂光泽。

（5）解理：无解理。

（6）摩氏硬度：5～6。

（7）密度：2.15（+0.08，-0.90）g/cm^3。

（8）光性特征：均质体，火欧泊常见异常消光。（图6-3、图6-4）

（9）多色性：无色性。

（10）折射率：1.450（+0.020，-0.080），火欧泊可低至1.37，通常为1.42～1.43。

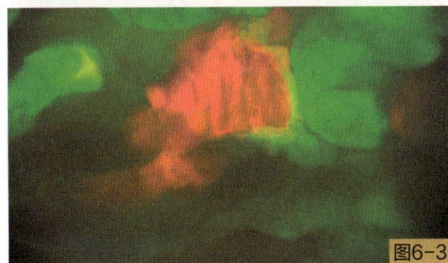

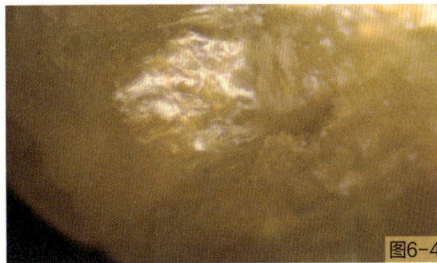

图6-1
围岩中的白欧泊

图6-2
具有强烈变彩的黑欧泊

图6-3
放大观察欧泊的色斑

图6-4
某些欧泊局部具有丝绢光泽

（11）双折射率：无。

（12）荧光观察。黑色或白色体色：无荧光至中等荧光，由白色到浅蓝色、绿色或黄色荧光，可有磷光，有时持续的磷光时间较长。（图6-5）其他体色黑欧泊：无荧光至强荧光，绿色或黄绿色荧光，可有磷光。火欧泊：无荧光至中等荧光，呈绿褐色，可有磷光。

（13）吸收光谱：绿色欧泊，于660nm、470nm处有吸收线，其他颜色的欧泊无特征吸收光谱。

（14）放大检查：色斑呈不规则片状边界平坦且较模糊，表面呈丝绢状外观，矿物包体。

（15）特殊光学效应：有变彩效应、猫眼效应（稀少）。（图6-6）

变彩效应是由于宝石的特殊结构产生光的干涉或者衍射形成鲜艳的颜色，并且这些颜色随着入射光角度或者观察角度的变化而变化。欧泊变彩效应的成因：排列有序、大小一定的二氧化硅（SiO_2）球体组成的三维光栅，使光线发生衍射造成的。球体的大小不同，形成的变彩效果也不同。

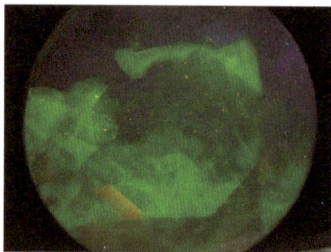

图6-5　刻面的欧泊　　　　　图6-6　火欧泊猫眼

二、欧泊的品种

欧泊的颜色由两部分组成，即体色和变彩效应所导致的彩色。欧泊根据体色的不同简单地分为黑色蓝绿系列的黑欧泊、白色乳白系列的白欧泊，以及橙黄色、橙红色系列的火欧泊。

（1）黑欧泊：体色为黑色或深蓝色、深灰色、蓝绿色、褐色的品种，以黑色最为理想。（图6-7）

（2）白欧泊：在白色或浅灰色体色上出现变彩的欧泊，透明至半透明。（图6-8）

（3）火欧泊：无变彩或少量变彩的半透明至透明品种，一般呈橙色、橙红色、红色。（图6-9）

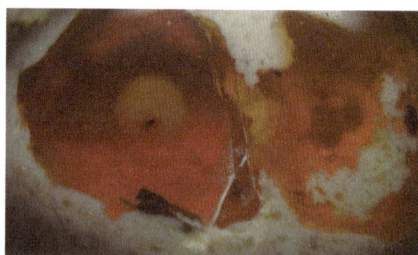

图6-7　黑欧泊女戒　　　图6-8　白欧泊　　　图6-9　围岩中的火欧泊

三、欧泊的产地

宝石级欧泊产于澳大利亚（黑欧泊、白欧泊）、墨西哥（火欧泊）和埃塞俄比亚（新矿区）（图6-10）。其中澳大利亚的欧泊占世界产量的95%，主要位于新南威尔士州、南澳大利亚州、昆士兰州。

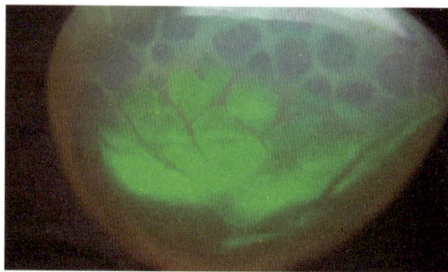

图6-10　市场新品种埃塞俄比亚欧泊，可见网脉状斑纹，易与合成欧泊相混淆

第二节　翡翠

"玉石之王"——翡翠，在华人心中有着很重要的地位，它和祖母绿一起为5月的生辰石。"翡翠"之名的来源有很多种说法，有说从翡翠鸟的名字得来，翡鸟羽毛红艳为雄鸟，翠鸟羽毛鲜绿色为雌鸟，用来形容翡翠丰富多彩的颜色。我国对翡翠的使用历史悠久，清朝开始大规模使用，甚至取代了几千年来和田玉在中国人心目中的地位。它青翠欲滴的绿色、冰清玉洁的白色、热情似火的红色、神秘高贵的紫色都让人们感受到它的变幻莫测、奥妙无穷。因此，一直以来在中国人心中有着对翡翠的浓厚情结。（图6-11至图6-13）

图6-11　高档绿翡翠吊坠　　　图6-12　高档紫翡翠套装　　　图6-13　高档绿翡翠戒指

一、翡翠的基本特征

（1）矿物组成：主要由硬玉或由硬玉及其他钠质、钠钙质辉石（如绿辉石、钠铬辉石）组成，可含少量角闪石、长石、铬铁矿等。

（2）化学分子式：$NaAlSi_2O_6$，可含有铬（Cr）、铁（Fe）、钙（Ca）、镁（Mg）、锰（Mn）、钒（V）、钛（Ti）等元素。翡翠的矿物组成不同，化学成分会有比较大的差异。

（3）结晶状态：晶质。

（4）解理：集合体，常呈纤维状、粒状或局部为柱状的集合体。

（5）颜色：白色及各种色调的绿色、黄色、红橙色、褐色、灰色、黑色、浅紫红色、紫色、蓝色等色。翡翠的颜色按其呈色肌理，可以分为原生色和次生色。原生色是指翡翠形成过程中致色离子所致，由原生矿物造成，含铬硬玉集合体形成绿色。次生色为翡翠成岩后外来有色物质侵染所致，常见有灰绿色（铁离子的化合物）、褐红色和褐黄色（铁离子的氧化物，俗称红翡）。

①无色翡翠：成分单一，纯的硬玉（$NaAlSi_2O_6$）组成，矿物颗粒细密，结构致密，透明度好。

②白色翡翠：成分单一，硬玉（$NaAlSi_2O_6$）组成，结构松散，颗粒之间有一定的空隙。

③绿色翡翠：翠就是绿色，由铬造成。绿色有浅绿色、绿色、翠绿色、深绿色、墨绿色等，翠绿色

最佳。（图6-14）

④紫色翡翠：也称"春色"，有浅紫色、粉紫色、茄紫色等，紫色与锰（Mn）有关，也有学者认为和亚铁离子和铁离子有关。（图6-15、图6-16）

⑤黄色和褐红色翡翠：因次生色，即"翡"色。一般黄色由褐铁矿所致，红褐色由赤铁矿所致。（图6-17）

⑥黑色翡翠：深灰色至黑色，由角闪石等暗色矿物造成，看上去比较"脏"。（图6-18）

⑦多色翡翠：有春带彩、福禄寿等，形成了颜色的多种组合，常体现玉石的俏色工艺。（图6-19至图6-21）

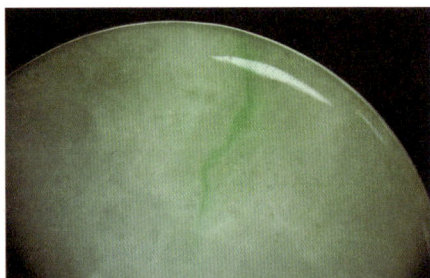
图6-14　绿色翡翠的色根

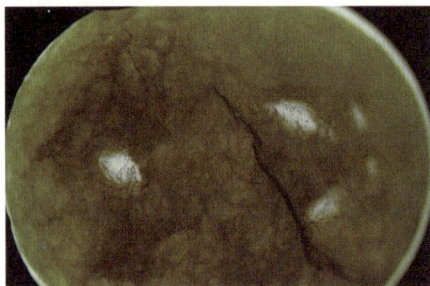
图6-17　黄翡，次生色，似树根状，与染色翡翠相似

图6-15　紫色翡翠，呈团块状分布，与白色翡翠没有明显的界线

图6-16　冰紫翡翠吊坠

图6-18　黑色翡翠，花开富贵

图6-19　翡色挂件，连年有余

图6-20　墨翠吊坠

图6-21　春带彩翡翠原料，紫色带有粉色调

二、翡翠的物理性质

（1）光泽：玻璃光泽至油脂光泽。

（2）解理：硬玉具两组完全解理，集合体可见微小的解理面闪光，称为"翠性"（翠性是识别翡翠

的重要特征之一）。（图6-22）

（3）摩氏硬度：6.5～7。

（4）密度：3.34（+0.11，−0.09）g/cm³。

（5）光性特征：非均质集合体。

（6）折射率：1.666～1.690（+0.020，−0.010），点测法常为1.66。

（7）荧光观察：天然翡翠大多数无荧光，个别翡翠有弱白色、绿色、黄色荧光。

（8）吸收光谱：紫区437nm吸收带是翡翠的吸收谱特征，是铁的吸收线；铬致色的绿色翡翠于630nm、660nm、690nm处有阶梯式吸收线，绿色越浓吸收线越清晰。浅绿色翡翠于630nm处吸收线不易观察到，有时437nm处有吸收线。（图6-23）

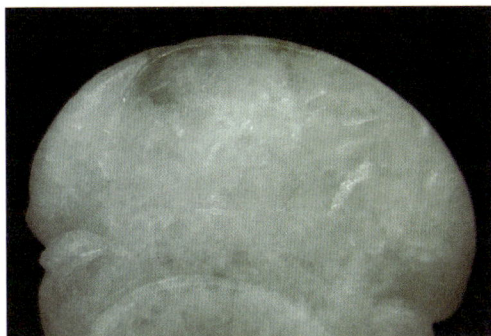

图6-22　翡翠的翠性

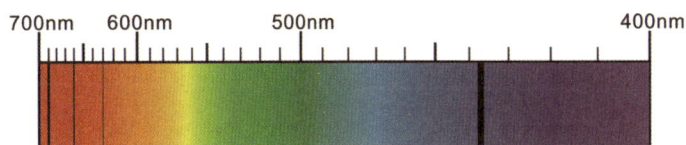

图6-23　翡翠的吸收光谱

（9）放大检查：星点、针状、片状闪光（翠性），粒状或柱状变晶结构、纤维交织结构至粒状纤维结构，矿物包体。

结构是指组成矿物的颗粒大小、形态和相互关系。翡翠常见的结构有纤维交织结构、粒状纤维结构等，放大观察往往可见翡翠组成矿物呈柱状或略具拉长的柱粒状，近乎定向排列或交织排列，其中纤维交织结构韧性好，粒状结构韧性差。翡翠的结构在鉴定中有主要的意义，有别于其他的玉石结构特征。粒状结构传统上称，为"豆"或者"豆性"。粒状结构是识别翡翠的重要特征。

小知识：翡翠的橘皮效应

由于硬玉颗粒平行解理方向硬度小，垂直解理方向硬度大，在抛光时平行解理呈现到表面的颗粒就容易形成凹坑，因此造成起伏的波浪状表面为橘皮效应。橘皮效应是识别翡翠的重要特征。（图6-24）

图6-24　翡翠的橘皮效应

三、翡翠的产地

（1）缅甸：产量最大、质量最好，次生矿为主，原生矿为辅，翡翠的主要产地。（图6-25）

（2）危地马拉：原生矿为主，由于硬玉的钙（Ca）、镁（Mg）含量较高，翡翠的颜色不够鲜艳，质地不如缅甸翡翠，但产量大，是仅次于缅甸的另一个翡翠的重要产地。（图6-26）

（3）俄罗斯：原生矿，产量小，质量较好，商业意义较小。

（4）日本：原生矿，古代使用过，现代没有商业活动。

图6-25　位于缅甸曼德勒的翡翠宫殿，庙宇主体由翡翠砌成

图6-26　市场新宠——危地马拉翡翠

第三节　软玉（和田玉）

　　软玉是我国最著名的玉石品种，通常所说的和田玉其实就是软玉，这是因为我国所产软玉主要在新疆，而且以新疆和田地区所产软玉质地最好，因此古时就称软玉为和田玉。

　　和田玉与中国文明的发生、发展有着密不可分的关系，可谓源远流长。我国考古学家最新研究考证并提出了中国在石器时代与青铜时代之间存在着一个玉器时代，距今约四千至六千年，玉器时代是中国文明的起源时代。（图6-27至图6-29）

一、软玉的性质

　　（1）矿物组成：主要为透闪石、阳起石系列矿物的集合体，化学分子式$Ca_2(Mg,Fe)_5Si_8O_{22}(OH)_2$，其中镁（Mg）和铁（Fe）可形成完全类质同象替代。含少量的透辉石、蛇纹石、绿泥石、磁

图6-27　和田籽料

图6-28　碧玉雕件

图6-29　和田玉的油脂光泽

铁矿等。

（2）结晶状态：晶质集合体，常呈纤维状集合体。主要矿物透闪石和阳起石均属于斜方晶系，这两种矿物的常见晶形为长柱状、纤维状、叶片状，软玉是这些纤维矿物的集合体。

（3）颜色：浅绿色至深绿色、黄色至褐色、白色、灰色、黑色等色。白玉：纯白色至稍带灰色、绿色、黄色色调。青玉：浅灰色至深灰色的黄绿色、蓝绿色。青白玉：介于白玉和青玉之间。碧玉：翠绿色至绿色。墨玉：灰黑色至黑色（含微晶石墨）。糖玉：黄褐色至褐色。黄玉（和田玉）：绿黄色、浅黄色至黄色。

（4）光泽：玻璃光泽至油脂光泽。

（5）解理：透闪石具两组完全解理，集合体通常不见。

（6）摩氏硬度：6～6.5。

（7）密度：2.95（+0.15，−0.05）g/cm^3。

（8）光性特征：非均质集合体。

（9）多色性：集合体不可测。

（10）折射率：1.606～1.632（+0.009，−0.006），点测法常为1.60～1.61。

（11）荧光观察：无。

（12）吸收光谱：无特征吸收光谱。

（13）放大检查：纤维交织结构，深色矿物包体。（图6-30至图6-32）

（14）特殊光学效应：猫眼效应。（图6-33）

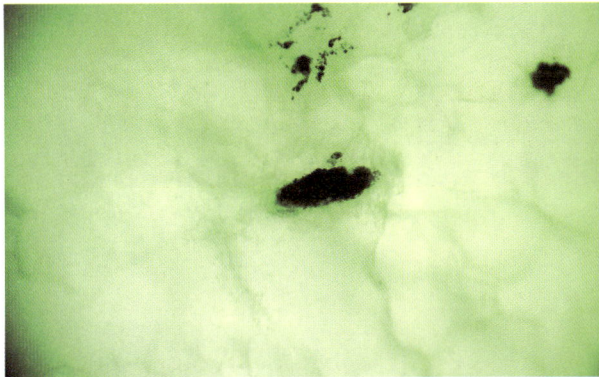
图6-30　碧玉深色矿物包体

图6-31　褐色似水草花状包体

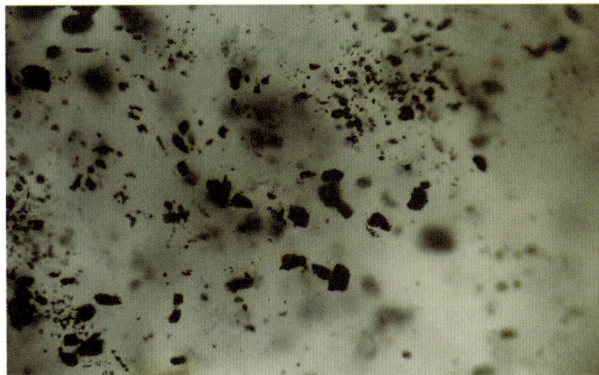
图6-32　深色矿物包体

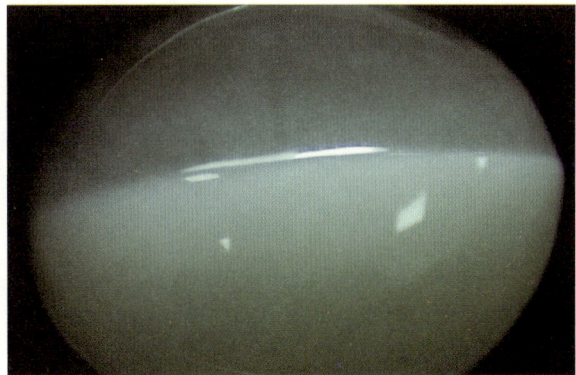
图6-33　碧玉猫眼

二、软玉的品种

按颜色分类：

（1）白玉：颜色白色，可略泛灰色、黄色、青色等杂色，可带少量糖色或黑色。品质最好的称为羊脂白玉，质地非常细腻滋润。（图6-34）

（2）青白玉：以白色为基础，略带灰青色或灰绿色，介于白玉和青玉之间。

（3）青玉：淡青色至深青色、灰青色、青黄色等色，产量很大，很常见。（图6-35）

（4）碧玉：暗绿色、深绿色、墨绿色的软玉，内部常含有黑色点状矿物包体。

（5）墨玉：以黑色为主，因含鳞片状石墨所致，黑色多呈云雾状、条带状分布，颜色多不均匀。

（6）糖玉：为次生色所致，颜色是褐铁矿浸染所产生的褐红色、褐黄色、红色、黄色等。糖玉多出现在白玉和青玉中，外皮包裹或沿裂隙分布。（图6-36）

（7）黄玉：很稀少，价值高，颜色为淡黄色至蜜黄色、深黄色、绿黄色等。颜色一般较浅，氧化铁浸染形成。

图6-34　白玉籽料　　　　　图6-35　青玉挂牌　　　　　图6-36　糖玉原料

三、软玉的产状、产地

1. 产状

根据产出状态，可以分为"山料""山流水""籽料""戈壁料"。（图6-37至图6-39）

2. 产地

软玉分布广泛，包括中国、加拿大、新西兰、俄罗斯、美国等二十几个国家。其中，中国主要产地有新疆昆仑山、阿尔金山一带，新疆玛纳斯（碧玉）、青海格尔木和纳赤台、辽宁岫岩（河磨玉）、台湾等地。

图6-37 籽料的放大观察特征，行业
俗称"水草沁"

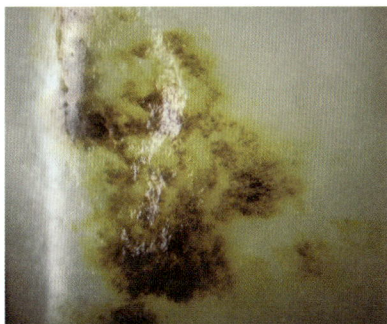

图6-38 籽料的放大观察特征，行业
俗称"汗毛孔"

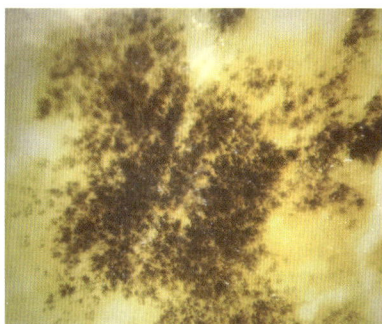

图6-39 籽料皮色，颜色自然

第四节 蛇纹石（岫玉）

蛇纹石在自然界分布广泛，因产地不同而有不同的玉石名称，如广东的信宜玉、广西的陆川玉、甘肃的酒泉玉、新疆的昆仑玉，以及美国、新西兰和阿富汗的鲍纹玉和朝鲜玉等。岫玉是中国古老的传统玉种。汉代金缕玉衣大部分用的是岫玉。（图6-40）

图6-40 岫玉雕件（摄于北京珠宝展）

一、蛇纹石的性质

（1）矿物组成：主要矿物为蛇纹石，次要矿物为白云石、菱镁矿、绿泥石、透闪石、滑石、透辉石、铬铁矿等伴生矿物。伴生矿物的含量变化很大，对蛇纹石玉的质地有着明显的影响，个别情况下伴生矿物的含量可超过半数而上升为主要组成矿物。

（2）化学成分：蛇纹石是含水的镁硅酸盐，$Mg_6Si_4O_{10}(OH)_8$，六次配位的镁（Mg）可被锰（Mn）、铝（Al）、镍（Ni）等置换，有时还可有铜（Cu）、铬（Cr）的混入。

（3）结构构造：蛇纹石玉最常见的是均匀的致密块状构造，有时可见脉状、片状构造。

（4）颜色：常见的蛇纹石主要有浅绿色、暗绿色、黑绿色、绿色、黄绿色、灰黄色、白色、棕色、黑色等，以及多种颜色聚集的杂色。

（5）光泽：蜡状光泽至玻璃光泽。

（6）摩氏硬度：2.5～6。

（7）密度：2.57（+0.23，−0.13）g/cm^3。

（8）光性特征：非均质集合体。

（9）折射率：1.560～1.570（+0.004，−0.070）。

（10）荧光观察：在紫外灯下蛇纹石表现为惰性，有时在长波紫外线下可有微弱的绿色荧光。

（11）吸收光谱：无特征。

（12）放大检查：矿物包体，叶片状、纤维状交织结构。可见到蛇纹石黄绿色基底中存在着少量黑色矿物包体，灰白色透明的矿物晶体，灰绿色绿泥石鳞片聚集成的丝状、细带状包体，由颜色的不均匀而引起的白色、褐色条带或团块。（图6-41、图6-42）

（13）特殊光学效应：猫眼效应（极少）。

图6-41　蛇纹石黄绿色基底中存在着少量黑色矿物包体

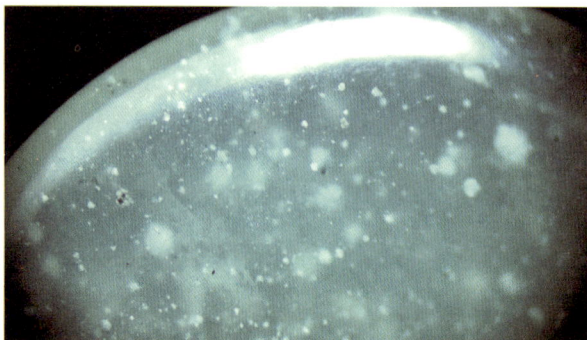

图6-42　蛇纹石中分散的白色团絮状包体

二、蛇纹石的产地

蛇纹石的产地多，不同产地的蛇纹石的矿物组合不太相同，表现在颜色等特征上也不太相同。产于中国甘肃省祁连山地区的蛇纹石玉，为一种含有黑色斑点或不规则黑色团块的暗绿色蛇纹石玉。广东信宜的蛇纹石玉为一种含有美丽花纹且质地细腻的暗至淡绿色块状蛇纹石玉，俗称"南方玉"。广西陆川的蛇纹石玉主要有两个品种，一种为带浅白色花纹的翠绿至深绿色，微透明至半透明的较纯蛇纹石玉；另一种为青白至白色，具丝绢光泽、微透明的透闪石蛇纹石玉。

三、命名

在传统习惯上，蛇纹石玉常以产地命名，因此出现了信宜玉、陆川玉、酒泉玉等名称。这些名称在市场上常引起混乱，使购买者无法了解其所购玉的本质是什么，因此在珠宝玉石的国家标准中规定宝石级蛇纹石，均以"蛇纹石"或"岫玉"（图6-43）来统一命名，产地不介入命名。

图6-43　岫玉平安扣

第五节　绿松石

绿松石也叫"土耳其玉"，古代波斯出产的绿松石经土耳其进入欧洲，由此得名。绿松石作为12月的生辰石，象征着成功和必胜。（图6-44）

一、绿松石的性质

（1）化学分子式：$CuAl_6(PO_4)_4(OH)_8 \cdot 5H_2O$。一种含有铜（Cu）和铝（Al）的含水磷酸盐，常有铁（Fe）和铝（Al）的类质同象。为自色矿物，由铜（Cu）致色。

（2）结晶状态：绿松石为三斜晶系，晶体极少见，绝大多数为隐晶质集合体，常呈块状、板状、结核状或皮壳状集合体。

（3）颜色：浅至中等蓝色、绿蓝色至绿色，常见黑色、黄褐色、白色网纹或杂质。铜离子（Cu^{2+}）离子的存在决定了绿松石蓝色基色，而铁（Fe）的存在将影响其色调的变化。随着风化程度的加强，绿松石中铜离子（Cu^{2+}）和水的逐渐流失，会导致绿松石的颜色将由蔚蓝色变成灰绿色以至灰白色。（图6-45、图6-46）

（4）光泽：蜡状光泽，抛光很好的绿松石呈现玻璃光泽，一些灰白色的绿松石呈土状光泽。（图6-47）

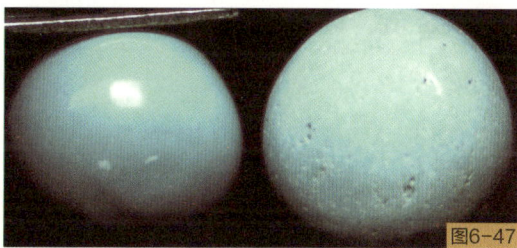

图6-44
绿松石雕刻作品（摄于北京珠宝展）

图6-45
绿松石原石

图6-46
绿松石原石的横断面

图6-47
不同品质的绿松石光泽的差异，蜡状光泽（左），土状光泽（右）

（5）解理：无解理。

（6）摩氏硬度：3～6。硬度和品质有一定的关系，高品质绿松石的硬度较高，灰白色的硬度低。

（7）密度：2.76（+0.14，-0.36）g/cm^3。高品质的绿松石密度在$2.8g/cm^3$～$2.9g/cm^3$，多孔的绿松石密度可以降到$2.4g/cm^3$。

（8）光性特征：非均质集合体。

（9）多色性：集合体不可测。

（10）折射率：1.610～1.650，点测法常为1.61。双折射率：集合体不可测。在绿松石的测试中，应避免绿松石与折射油等有机溶剂长时间接触，以防止绿松石颜色发生改变。

（11）荧光观察：长波为无荧光至弱荧光，呈绿黄色或蓝绿色、蓝色；短波无荧光。

（12）吸收光谱：在强的反射光下，于422nm、430nm处有吸收线，有时460nm处有一条模糊的吸收线。

（13）放大检查：隐晶质结构，粒状结构，致密块状构造，常含不规则白色纹理和斑块（由高岭石、石英等白色矿物聚集而成）或暗色、黄褐色网脉状，具斑点状杂质（是由褐铁矿和碳质等杂质聚集而成的）。

二、绿松石的品种

（1）瓷松：天蓝色，质地细腻，蜡状光泽，摩氏硬度和相对密度高。

（2）绿松石，很少见；蓝绿色、豆绿色，质地好，光泽强。（图6-48）

（3）铁线松石：铁线呈网脉状或浸染状分布在绿松石中，有些可组成美丽的图案。（图6-49）

（4）泡松：月白色、淡蓝白色，土状光泽，摩氏硬度和相对密度低，低档宝石常用来进行注塑、注蜡处理。

三、绿松石的产地

世界产出绿松石的主要国家有伊朗、埃及、美国、俄罗斯和中国等。中国绿松石主要产自湖北、陕西、青海，此外新疆、安徽也有产出。（图6-50）

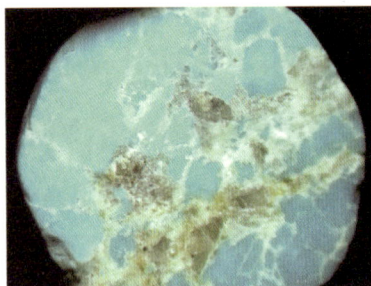

图6-48 绿松石的白色脉状纹理　　图6-49 绿松石深色纹理，俗称"铁线"　　图6-50 各种绿松石饰品

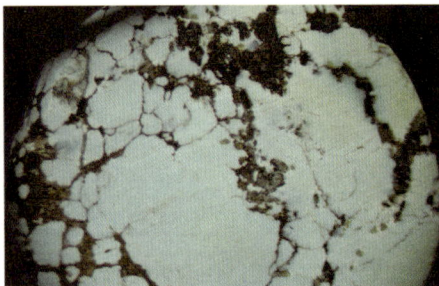

第六节　石英质玉

石英家族是一个大家族，既有单晶石英——水晶等，又有多晶石英——玛瑙、石英岩玉等。同时石英矿物也是造岩矿物中最常见的一种，在地壳中分布广泛。按照矿物成分、结构和外观特征，石英质玉分为3个大类7个品种。（表6-1）

表6-1　石英质玉的分类

类别	品种
显晶质石英质玉	石英岩玉
隐晶质石英质玉	玉髓、玛瑙、碧石
具有二氧化硅交代假象的石英质玉	木变石、硅化木、硅化珊瑚
注：具有二氧化硅交代假象的隐晶质、显晶质石英质玉统称为"硅化玉"，主要包括"木变石""硅化木""硅化珊瑚"等品种。	

一、显晶质石英质玉：石英岩玉

石英岩玉是一种透明至不透明，质地致密的显晶质石英集合体，通常石英颗粒大小为0.02mm～2mm，可含少量赤铁矿、针铁矿、云母、高岭石等。粒状结构。常见颜色为黄色、红色、白色、绿色、黑色等，抛光面常呈玻璃光泽，断面常呈油脂光泽、蜡状光泽。

该类玉石是石英含量大于85%的变质岩。由石英砂岩或硅质岩经区域变质作用或接触热变质作用而成。商业中，如京白玉（产于北京郊区）、密玉（产于河南新密市）、贵翠（产于贵州省）、东陵石均属于此类。

基本性质：

（1）矿物组成：由于原岩所含杂质和变质条件的不同，矿物成分除石英外，可含少量赤铁矿、针铁矿、云母等黏土矿物。（图6-51）

（2）化学分子式：SiO_2，可含有铁（Fe）、铝（Al）、镁（Mg）、钙（Ca）、钠（Na）、钾（K）、锰（Mn）、镍（Ni）、铬（Cr）等元素。

（3）结晶状态：显晶质集合体，粒状结构。

（4）颜色：各种颜色，常见绿色、灰色、黄色、褐色、橙红色、白色、蓝色等色。

（5）光泽：玻璃光泽至油脂光泽。

（6）摩氏硬度：6～7。

（7）密度：$2.64g/cm^3$～$2.71g/cm^3$，含赤铁矿等包体较多时可达$2.95g/cm^3$。

（8）光性特征：非均质集合体。

（9）折射率：1.544～1.553，点测法常为1.54。

（10）荧光观察：通常无；含铬云母石英岩，无荧光至弱荧光，呈灰绿色或红色。

（11）吸收光谱：通常无特征吸收光谱。含铬云母的石英岩可于682nm、649nm处有吸收线。

（12）放大检查：粒状结构，矿物包体。（图6-52）

（13）特殊光学效应：砂金效应。（图6-53）

（14）特殊性质：含铬云母石英岩在查尔斯滤色镜下呈红色。

图6-51 东陵石含有细小的铬云母、黄铁矿

图6-52 白色的石英岩玉，粒状结构

图6-53 东陵石的砂金效应

二、隐晶质石英质玉：玉髓（玛瑙、碧石）

玉髓和玛瑙，为二氧化硅胶体溶液沉淀而成。在天然岩石的空洞或裂隙中二氧化硅溶液按层或同心圆状依次沉淀而形成玛瑙。玛瑙和玉髓主要产于火山岩裂隙及杏仁状的空洞中，也产于沉积岩和砾石层及现代的堆积层中。碧石是一种微透明至不透明的隐晶质石英集合体，可含有较多的赤铁矿、绿泥石、针铁矿、黏土矿物等杂质矿物。

基本特征：

（1）矿物组成：由隐晶质石英矿物集合体组成，可含少量赤铁矿、针铁矿、云母、黏土矿物等。

（2）化学分子式：SiO_2，纯净时无色，可含铁（Fe）、铝（Al）、镁（Mg）、钙（Ca）、钠（Na）、钾（K）、锰（Mn）、镍（Ni）、铬（Cr）等元素，可呈现不同的颜色。

（3）结晶状态：隐晶质集合体，呈致密块状，也可呈球粒状、放射状或微细纤维状集合体。

（4）颜色：各种颜色。

（5）光泽：玻璃光泽至油脂光泽。

（6）摩氏硬度：5～7。

（7）密度：$2.50g/cm^3 \sim 2.77g/cm^3$。

（8）光性特征：非均质集合体。

（9）折射率：1.535～1.539，点测法常为1.53～1.54。

（10）荧光观察：通常无，有时可显弱至强的黄绿色荧光。

（11）吸收光谱：无特征吸收光谱。

（12）放大检查：隐晶质结构、纤维状结构，外部可见贝壳状断口。玛瑙具条带、环带或同心层状构造，带间以及晶洞中有时可见小粒石英晶体。碧石因含较多杂质矿物而呈微透明至不透明粒状结构。（图6-54至图6-57）

（13）特殊光学效应：晕彩效应、猫眼效应。（图6-58）

图6-54 玛瑙同心花纹

图6-55 玉髓晶洞中可见的小粒石英晶体

图6-56 红色的碧石

图6-57 火玛瑙的晕彩

图6-58 苔藓玛瑙，绿色内含物似苔藓

图6-54

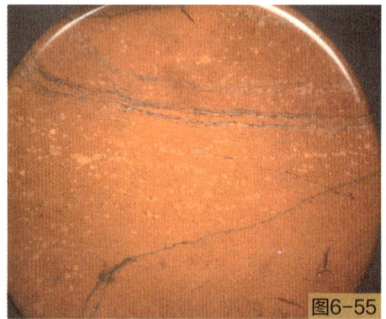
图6-55

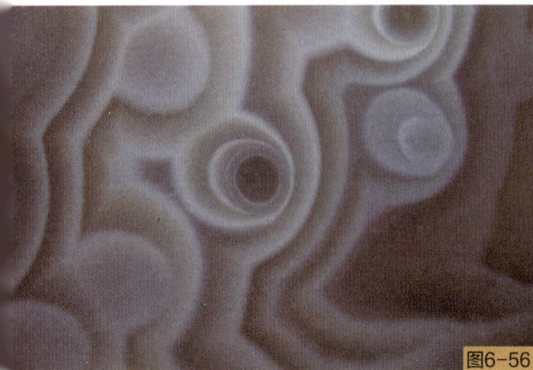
图6-56

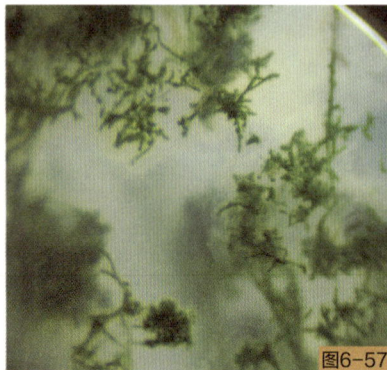
图6-57

图6-58

三、具有二氧化硅交代假象的石英质玉：硅化玉（木变石、硅化木、硅化珊瑚）

基本性质：

（1）化学分子式：石英（SiO_2）可含少量蛋白石，可含铁（Fe）、铝（Al）、镁（Mg）、钙（Ca）、钠（Na）、钾（K）、锰（Mn）、镍（Ni）等元素。硅化木中的有机质为碳、氢化合物。

（2）结晶状态：晶质集合体。

（3）颜色：浅黄色至黄色、棕黄色、棕红色、灰白色、灰黑色等色。木变石：黄色、棕黄色、棕红色、深蓝色、灰蓝色、绿蓝色等色。硅化木：浅黄色至黄色、棕黄色、棕红色、灰白色、灰黑色等色。硅化珊瑚：黄白色、灰白色、黄褐色、橙红色等色。

（4）光泽：玻璃光泽，断口油脂或蜡状光泽；木变石也可呈丝绢光泽。（图6-59）

（5）解理：无解理。

（6）摩氏硬度：5～7。

（7）密度：$2.48g/cm^3$～$2.85g/cm^3$。

（8）光性特征：非均质集合体。

（9）多色性：集合体不可测。

（10）折射率：1.544～1.553，点测法常为1.53～1.54。双折射率：集合体不可测。

（11）荧光观察：无。

（12）吸收光谱：无特征吸收光谱。

图6-59　硅化木

（13）放大检查：隐晶质结构，粒状结构。木变石也可呈纤维状结构。硅化木可呈纤维状结构，可见木纹、树皮、节瘤、蛀洞等。硅化珊瑚可见珊瑚的同心放射状构造。（图6-60至图6-62）

（14）特殊光学效应：猫眼效应。

图6-60　硅化木的木纹结构

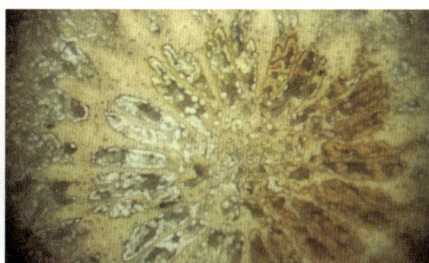

图6-61　硅化珊瑚可见珊瑚的同心放射状特征

图6-62　木变石的丝绢光泽

四、石英质玉的定名规则和表示方法

（1）采用石英质玉基本名称单独定名。"石英质玉"，以及"石英岩玉""玉髓""玛瑙""碧石""硅化玉""木变石""硅化木""硅化珊瑚"均可作为石英质玉基本名称。

（2）采用石英质玉基本名称和石英质玉商贸名称共同定名。石英质玉的商贸名称不能单独使用，可在相关质量文件中附注标明"商贸名称：×××"。

第七节　独山玉

独山玉是我国特有的玉石品种，因产于我国河南独山而得名，又称为"南阳玉"。（图6-63至图6-66）

图6-63　独山玉摆件　　　　图6-64　杂色独山玉挂件　　　图6-65　绿褐色独山玉挂件　　图6-66　杂色独山玉摆件

一、独山玉的性质

（1）矿物组成：独山玉是一种黝帘石化斜长岩，主要矿物是斜长石和黝帘石，其次为翠绿色铬云母、浅绿色透辉石、黄绿色角闪石、黑云母，还有少量榍石、金红石、绿帘石、阳起石、白色沸石、葡萄石、绿色电气石、褐铁矿、绢云母等。

（2）化学组成：独山玉的化学组成变化较大，随其组成矿物含量的变化而变化。

（3）结构构造：独山玉具细粒状结构（小于0.05mm），其中斜长石、黝帘石、绿帘石、黑云母、铬云母和透辉石等矿物呈他形至半自形晶紧密镶嵌，集合体为致密块状。

（4）颜色：独山玉颜色丰富，有30余种色调。主色：白色、绿色、粉红色、褐色、蓝绿色、黄色、黑色等色。颜色变化取决于矿物组成，并且单一色调的原料及产品较少。

（5）光泽：玻璃光泽。

（6）解理：无解理。

（7）摩氏硬度：6～7。

（8）密度：$2.70g/cm^3$～$3.09g/cm^3$，通常为$2.90g/cm^3$。

（9）光性特征：非均质集合体。

（10）折射率：受到矿物组成的影响，变化于1.560～1.700。

（11）荧光观察：在紫外灯下，独山玉表现为荧光惰性。有的品种可有微弱的蓝白色、褐黄色、褐红色荧光。

（12）放大检查：纤维粒状结构或粒状变晶结构，可见蓝色、蓝绿色或褐色色斑。（图6-67）

（13）特殊性质：查尔斯滤色镜下略显红色。

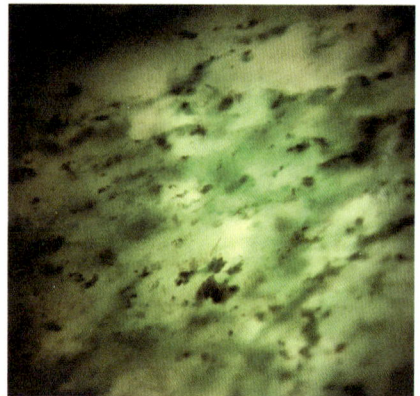

图6-67　绿色独山玉颜色较杂，呈丝脉状

二、独山玉的品种

独山玉主要依据颜色划分品种。

（1）白独玉：呈乳白色，主要由斜长石、黝帘石、少量绿帘石、透辉石和绢云母组成。（图6-68）

（2）绿独玉：呈翠绿色、绿色和蓝绿色，主要由斜长石和铬云母组成。铬云母是形成绿色的主要原因，查尔斯滤色镜下呈红色。

（3）褐独玉（酱独玉）：呈淡紫色、紫色和亮棕色，商业惯称为酱独玉，主要由斜长石、黝帘石和黑云母组成。（图6-69）

（4）黄独玉：呈黄绿色或橄榄绿色，主要由斜长石、黝帘石，少量绿帘石、榍石和金红石组成。

（5）红独玉：呈粉红色或芙蓉色，玉石为黝帘石化斜长岩，以黝帘石为主，占50%～80%，次为斜长石，占30%～40%，有少量的绿帘石和透辉石。

（6）青独玉：呈青色或深蓝色，黝帘石化斜长岩，斜长石占45%，黝帘石占45%，绿帘石占10%。

（7）黑独玉：以黑色为主色调的独山玉，有黑白相间色；主要矿物组成为纤闪石、基性斜长石、黝帘石，次要矿物为角闪石等。一般不单独成材，多与其他颜色俏雕利用。

（8）杂色独玉：呈白色、绿色、黄色、紫色相间的条纹和条带以及绿豆花菜花和黑花等。这种颜色的组合及分布特征对独山玉的鉴别具有重要的指导意义。（图6-70）

图6-68　白独玉挂件　　　　　　图6-69　褐独玉挂件　　　　　　图6-70　杂色独玉挂件

第八节　其他玉石品种

一、蔷薇辉石

粉红色如桃花，颜色比较稳定单一，也被称为"桃花石""桃花玉""玫瑰石"等。蔷薇辉石的主要矿物为蔷薇辉石，可含石英及脉状、点状黑色氧化锰。蔷薇辉石的单晶少见，大多数为矿物集合体，是一种很好的玉雕材料。（图6-71、图6-72）

（1）化学分子式：SiO_3，可含有锰（Mn）、铁（Fe）、镁（Mg）、钙（Ca）等元素的硅酸盐，并

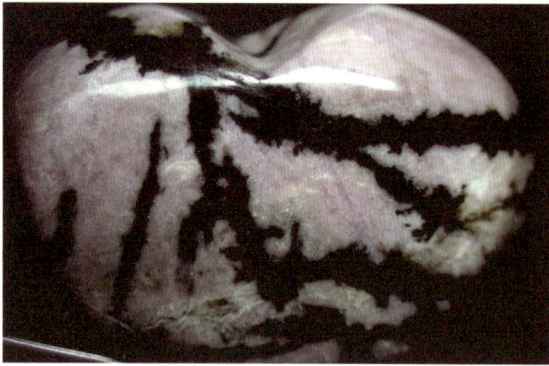

图6-71　蔷薇辉石的黑色网脉杂于粉色之间

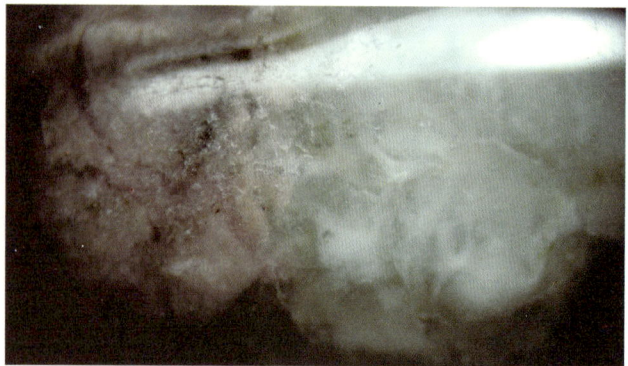

图6-72　蔷薇辉石中可含有石英等次要矿物

可含有石英。

（2）结晶状态：晶质体或晶质集合体。晶系：三斜晶系。晶体习性：厚板状晶体（少见），常呈粒状或致密块状集合体。

（3）颜色：浅红色、粉红色、紫红色、褐红色等色，常有黑色斑点或网脉，有时杂有绿色或黄色色斑。（图6-73）

（4）光泽：玻璃光泽。

（5）解理：蔷薇辉石具两组完全解理，集合体通常不见。

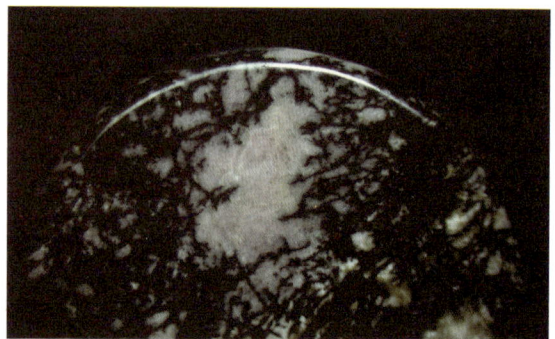

图6-73　一块黑色网脉较多的蔷薇辉石

（6）摩氏硬度：5.5～6.5。

（7）密度：3.50（+0.26，−0.20）g/cm³，随石英含量增加而降低。

（8）光性特征：非均质体，二轴晶，负光性或正光性；常为非均质集合体。

（9）多色性：弱至中等，单晶可显示橙红色或棕红色的多色性，集合体不可测。

（10）折射率：1.733～1.747（+0.010，−0.013），点测法常为1.73，因常含石英可低至1.54。

（11）双折射率：0.011～0.014，集合体不可测。

（12）荧光观察：无。

（13）吸收光谱：545nm处有吸收宽带，503nm处有吸收线。

（14）放大检查：粒状结构，矿物包体。

二、菱锰矿

菱锰矿因含锰而形成粉红色，最重要的特点是粉红色中有白色物质呈条带状分布，透明的宝石较少，绝大多数为块状体，硬度比较低，是一种雕刻材料。（图6-74至图6-76）

（1）化学分子式：$MnCO_3$，可含铁（Fe）、钙（Ca）、锌（Zn）、镁（Mg）等元素。

（2）结晶状态：晶质体或晶质集合体。晶系：三方晶系。晶体习性：菱形晶体，常呈粒状、柱状集合体，或呈结核状、鲕状、肾状等隐晶质集合体。

（3）颜色：粉红色，通常在粉红底色上可有白色、灰色、褐色或黄色的条纹，透明晶体可呈深红色。

图6-74 菱锰矿典型的平行条带

图6-75 菱锰矿带锯齿状的花纹

图6-76 菱锰矿单晶可见强双折射现象

（4）光泽：玻璃光泽至亚玻璃光泽。

（5）解理：有三组完全解理，集合体通常不见。

（6）摩氏硬度：3～5。

（7）密度：3.60（+0.10，−0.15）g/cm^3。

（8）光性特征：非均质体，一轴晶，负光性；常为非均质集合体。

（9）多色性：中至强，有橙黄色、红色；集合体不可测。

（10）折射率：1.597～1.817（±0.003）。

（11）双折射率：0.220，集合体不可测。

（12）荧光观察：长波由无荧光至中荧光，呈粉色；短波由无荧光至弱荧光，呈红色。

（13）吸收光谱：于410nm、450nm、540nm处有弱吸收带。

（14）放大检查：气液包体、矿物包体，解理，强双折射现象；集合体呈隐晶质结构、粒状结构、条带或层状构造。

三、孔雀石

孔雀石因颜色酷似孔雀羽毛颜色而得名，是一种含铜矿石，颜色鲜艳，花纹美丽，纹带清晰，是典型的自色宝石。孔雀石产自同矿床的氧化带中，与蓝铜矿、赤铜矿等同共生，世界著名的孔雀石产地国家有赞比亚、澳大利亚、纳米比亚、西伯利亚、美国等，我国孔雀石主要产自南方的铜矿山的氧化带中，比如海南、湖北、赣西北等地。（图6-77）

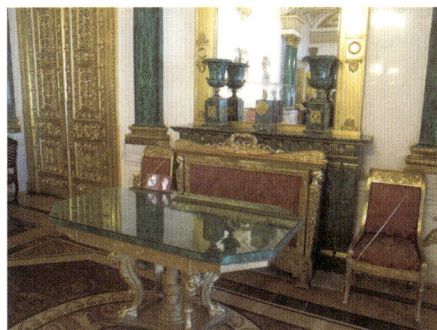

图6-77 俄罗斯圣彼得堡冬宫博物馆的孔雀石家具

（1）化学分子式：$Cu_2CO_3(OH)_2$。

（2）结晶状态：晶质集合体，常呈纤维状、皮壳状等集合体。孔雀石为单斜晶系，晶体呈现细长的柱状、针状，十分稀少。（图6-78）

（3）颜色：鲜艳的微蓝绿色至绿色，常有杂色条纹。

（4）光泽：丝绢光泽至玻璃光泽。

（5）透明度：不透明。

（6）解理：集合体通常不见解理。

图6-78 孔雀石表面呈现纤维状

（7）摩氏硬度：3.5～4。

（8）密度：3.95（+0.15，-0.70）g/cm^3。

（9）折射率：1.655～1.909。

（10）荧光观察：无。

（11）放大检查：条带、环带或同心层状构造，放射纤维状构造为典型特征。（图6-79）

（12）特殊性质：遇盐酸起泡，化学性质不稳定。

图6-79　孔雀石的平行条带

四、青金石

青金石颜色异常鲜艳，备受历代皇帝喜爱。清代四品官员的朝服中顶戴为青金石。青金石还是天然蓝色颜料的主要原料。它与绿松石、锆石同为12月的生辰石。阿富汗东北部地区是青金石的优质产地，颜色为略带紫色调的蓝色，稍有黄铁矿和方解石脉。俄罗斯的贝加尔湖地区的青金石以不同色调的蓝色出现，通常含有黄铁矿，质量较好。智利安第斯山脉的青金石一般含有较多的白色方解石，价格相对便宜。（图6-80）

图6-80　青金石桌面

（1）矿物组成：主要矿物为青金石，可含方钠石、方解石、黄铁矿和蓝方石，有时含透辉石、云母、角闪石等。

（2）化学分子式：（NaCa）$_8$（AlSiO$_4$）$_6$（SO$_4$，Cl，S）$_2$。

（3）结晶状态：晶质集合体，常呈粒状、块状集合体。青金石为等轴晶系，晶形为菱形十二面体。（图6-81）

（4）颜色：中至深微绿蓝色、紫蓝色，常有铜黄色黄铁矿、白色方解石、墨绿色透辉石、普通辉石的色斑。（图6-82）

（5）光泽：玻璃光泽至蜡状光泽。

（6）解理：集合体通常不见。

图6-81　青金石的单晶，菱形十二面体

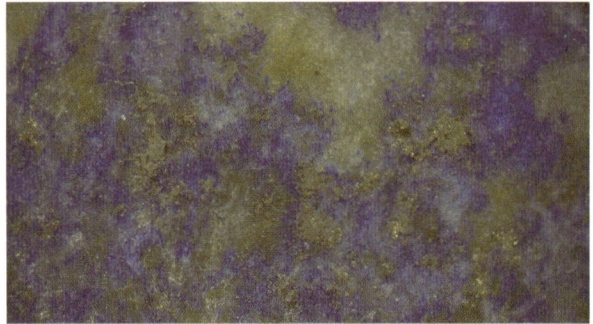

图6-82　青金石中白色的方解石和金色的黄铁矿

（7）摩氏硬度：5~6。

（8）密度：2.75（±0.25）g/cm^3。

（9）光性特征：均质集合体。

（10）折射率：通常为1.50，有时因含方解石，可达1.67。

（11）荧光观察：长波中方解石包体可发粉红色荧光；短波有弱荧光至中荧光，呈绿色或黄绿色。

（12）放大检查：粒状结构，矿物包体。

（13）特殊性质：查尔斯滤色镜下呈赭红色。

五、方钠石

方钠石常被误认为青金石，市场上也叫"蓝纹石"。

（1）矿物组成：主要组成矿物为方钠石，可含方解石等。

（2）化学分子式：$Na_8Al_6Si_6O_{24}Cl_2$，其中钠（Na）可被钾（K）、钙（Ca）少量替代。

（3）结晶状态：晶质体或晶质集合体。晶系：等轴晶系。晶体习性：菱形十二面体，常呈粒状、块状集合体。（图6-83）

（4）颜色：深蓝色至紫蓝色，常含白色脉（也有黄色或红色），少见灰色、绿色、黄色、白色或粉红色。

图6-83　方钠石的单晶体，菱形十二面体

（5）光泽：玻璃光泽至油脂光泽。

（6）解理：具{110}方向的菱形十二面体中等解理，但集合体通常不见。

（7）摩氏硬度：5~6。

（8）密度：2.25（+0.15，−0.10）g/cm^3。

（9）光性特征：均质体，常为集合体。

（10）折射率：1.483（±0.004）。

（11）荧光观察：长波中无荧光至弱荧光，具橙红色斑块状荧光。有些方钠石短波紫外光下照射数秒后变为紫色、粉红色，自然光下逐渐恢复原来的颜色。

（12）吸收光谱：无特征吸收光谱。

（13）放大检查：粒状结构，矿物包体（黄铁矿），常见白色石脉，有时与青金石外观接近。（图6-84、图6-85）

（14）特殊性质：遇盐酸会溶蚀，查尔斯滤色镜下呈赭红色。

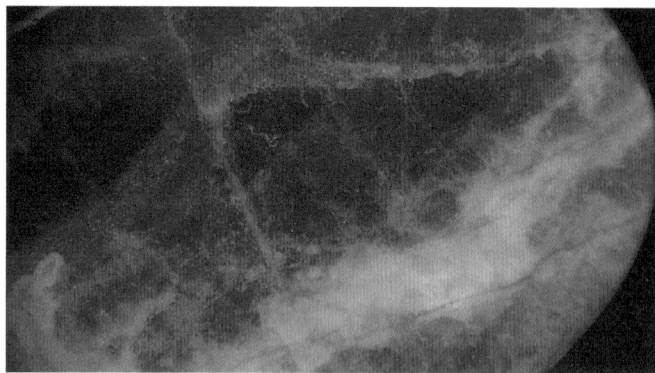

图6-84　方钠石白色石脉

图6-85　方钠石褐色的矿物包体

六、课后习题与思考

1. 欧泊的品种有哪些？简要说明欧泊的鉴定特征。

2. 如何鉴别绿色翡翠、绿色软玉、绿色石英岩玉的戒面？

3. 独山玉产自哪里？其颜色特征与蛇纹石相比有什么特点？

4. 请简述绿松石的宝石学性质。

5. 对比说明以下两组宝石的鉴别特征：青金石和方钠石、蔷薇辉石和菱锰矿。

6. 石英质玉有哪些类型？

7

第七章

常见有机宝石

章节前导
Chapter preamble

课程重点：

天然有机宝石是指自然界生物成因的固体，它们部分或全部由有机质组成，其中的一些品种本身就是生物体的一部分，如象牙、龟甲（玳瑁）。人工养殖的珍珠由于其养殖过程的仿自然生态和产品的相似性，也划分在天然有机宝石中。

本章学习重点：

珍珠、珊瑚、琥珀、象牙、龟甲（玳瑁）、煤精、贝壳等有机宝石的化学成分、宝石学特征、常见品种及产地等。

天然有机宝石是与自然界生物有直接生成关系，部分或全部由有机物质组成，可作为饰品的材料。比如珍珠、珊瑚、象牙等。

第一节　珍珠

珍珠因柔和的光泽和完美的外观，使之享有"珠宝皇后"的美誉，被人们视为纯真、完美、尊贵、权威的象征，也是6月的生辰石，结婚30周年的纪念石。天然珍珠的产量一直很稀少，现在市场上基本是以养殖珍珠为主。（图7-1、图7-2）

一、珍珠的性质

（1）化学成分：

①无机成分化学分子式：$CaCO_3$，文石为主，方解石，有少量球文石。海水珍珠含较多的锶（Sr）、硫（S）、钠（Na）、镁（Mg）等微量元素，锰（Mn）等微量元素相对较少；而淡水珍珠中锰（Mn）等微量元素相对富集，锶（Sr）、硫（S）、钠（Na）、镁（Mg）等微量元素相对较少。

②有机成分：蛋白质等有机质，主要元素为碳（C）、氢（H）、氧（O）、氮（N）。

③核心：无核珍珠的核心为贝、蚌的外套膜，有核珍珠的核心常为珠母贝壳。

（2）结晶状态：无机成分为斜方晶系（文石）、三方晶系（方解石），呈放射状集合体。有机成分为非晶质体。

（3）颜色：无色至黄色、粉红色、绿色、蓝色、紫色等色。

（4）光泽：珍珠光泽。

（5）摩氏硬度：天然珍珠2.5～4.5，养殖珍珠2.5～4。

（6）密度：天然海水珍珠，2.61g/cm³～2.85g/cm³。天然淡水珍珠，2.66g/cm³～2.78g/cm³，很少超过

图7-1　珍珠套件

图7-2　各色海水珍珠

$2.74g/cm^3$。海水养殖珍珠，$2.72g/cm^3 \sim 2.78g/cm^3$。淡水养殖珍珠，低于大多数天然淡水珍珠密度。（图7-3、图7-4）

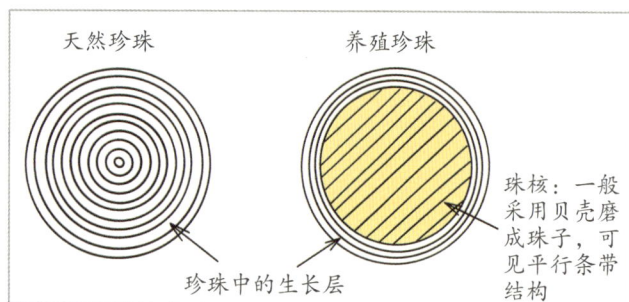

图7-3 天然珍珠和养殖珍珠的剖面图

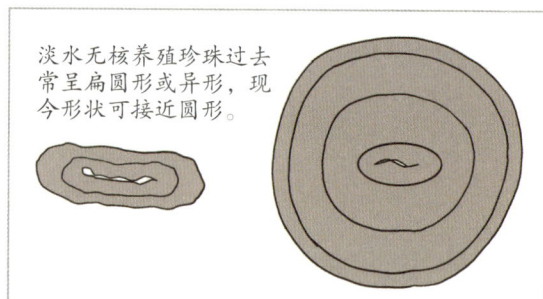

图7-4 淡水无核养殖珍珠的剖面图

（7）折射率：点测法为1.53～1.68，常为1.53～1.56。通常不测。

（8）荧光观察：黑色珍珠在长波有弱荧光至中荧光，呈红色、橙红色。其他颜色珍珠呈无荧光至强荧光，浅蓝色、黄色、绿色、粉红色等色。

（9）放大检查：放射同心层状结构，表面生长纹理；有核养殖珍珠的珠核可呈平行层状结构；附壳珍珠一面具表面生长纹理，另一面具层状结构。（图7-5、图7-6）

（10）化学性质：珍珠易溶于各种酸、丙酮及苯等有机溶剂，也不耐碱。遇酸起泡，过热燃烧变褐色，表面摩擦有砂感。（图7-7）

图7-5
珍珠的同心层状结构

图7-6
有核养殖珍珠的横切面，外层珍珠层，内部为珠核

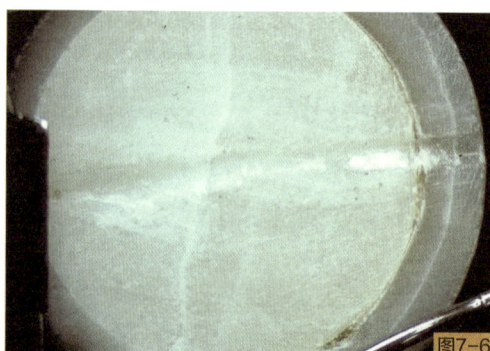

图7-7
珍珠的表面纹理——叠瓦状结构或等高线状纹理

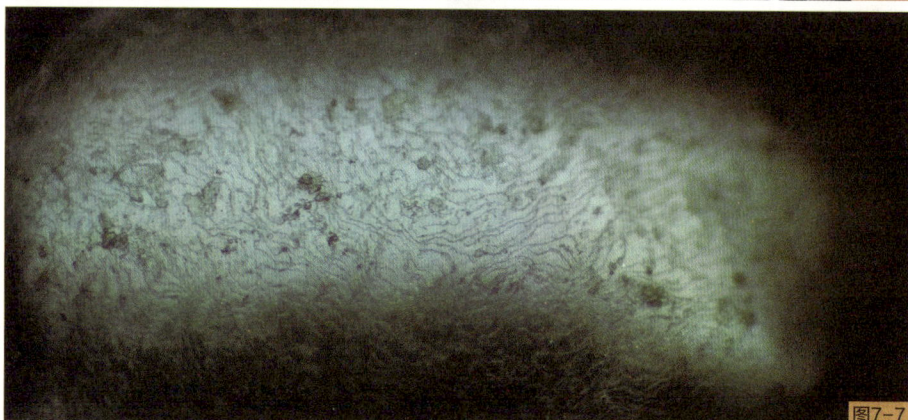

二、珍珠的分类（表7-1）

表7-1 珍珠的宝石学分类

分类方法	珍珠名称
成因	天然珍珠、养殖珍珠
形成环境	淡水珍珠、海水珍珠
结构	无核珍珠、有核珍珠
是否附着贝壳	贝附珍珠、游离珍珠
产地	南洋珍珠、塔西提珍珠、日本珍珠、中国珍珠等
大小	大型珍珠、大珠、中珠、小珠、细厘珠、子珍珠等
形态	正圆珠、圆形珠、椭圆形珠、异形珠
特殊的软体动物分泌的珍珠	鲍鱼珍珠、海螺珠等

三、珍珠的产地

中国、日本、澳大利亚和南太平洋是世界养殖珍珠的主要产出地。全世界95%以上的淡水珍珠主要来自我国的浙江省诸暨。日本、澳大利亚、印度尼西亚、菲律宾、缅甸、塔西提岛等则出产优质的海水养殖珍珠，我国的海水养殖珍珠主要集中在广西北海和海南省。（图7-8至图7-10）

图7-8 淡水无核珍珠　　图7-9 淡水有核养殖珍珠（爱迪生珍珠）　　图7-10 海水珍珠

小知识：海螺珠

产于海螺类（腹族纲）软体动物内的天然有机宝石，具有独特的火焰状纹理，如孔克珠（Conch Pearl）和美乐珠（Melo Pearl）等。

化学分子式为$CaCO_3$，文石为主。有机成分：蛋白质等有机物质，主要元素为碳（C）、氢（H）、氧（O）、氮（N）。

颜色有粉红色至紫红色、黄色、棕色、白色等色，若长期暴露于阳光下颜色会褪色。

光泽：珍珠光泽至玻璃光泽。

摩氏硬度：3.5～4.5。

密度：2.85（+0.02，-0.04）g/cm³，棕色常为2.18～2.77g/cm³。

红色至粉红色海螺珠在长波紫外光下呈弱至中的粉红色、橙红色、黄色荧光。（图7-11至图7-13）

图7-11　海螺珠

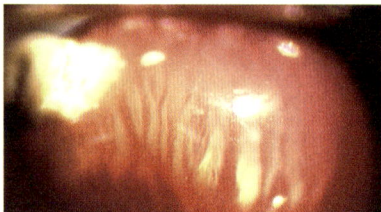

图7-12　粉红色海螺珠的火焰状纹理

图7-13　橙色海螺珠细密的火焰状纹理

第二节　珊瑚

珊瑚是一种以低等腔肠动物珊瑚虫分泌的钙质为主体的堆积物形成的骨骼，这种骨骼常呈树枝状产出。珊瑚以其婀娜多姿、栩栩如生的造型，深受人们的喜爱。其中红珊瑚因颜色艳丽、质地致密、资源稀少，被视为"红色黄金"，具有极高的欣赏价值和收藏价值。（图7-14、图7-15）

图7-14　珊瑚枝

图7-15　颜色鲜艳、均匀的红珊瑚女戒，直径约15mm

一、珊瑚的性质

（1）化学成分：钙质珊瑚，主要由无机成分碳酸钙（$CaCO_3$）和有机成分等组成；角质珊瑚，几乎全部由有机成分组成。

（2）结晶状态：钙质珊瑚，无机成分为隐晶质集合体，有机成分为非晶质体；角质珊瑚，非晶质体。

（3）颜色：钙质珊瑚有浅粉红色至深红色、橙红（粉）色、白色及黄色等色；角质珊瑚有黑色、金黄色、黄褐色。（图7-16至图7-18）

（4）光泽：蜡状光泽，抛光面呈玻璃光泽。（图7-19）

（5）解理：集合体通常不见。

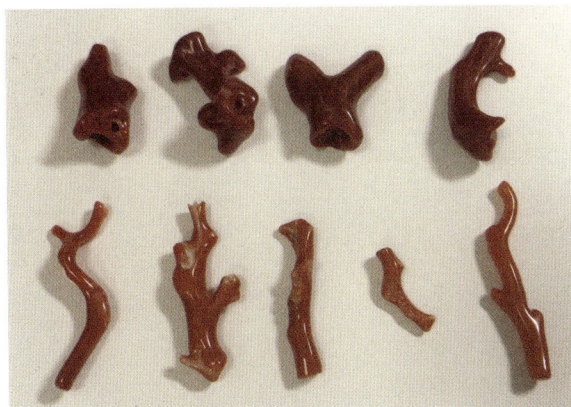

图7-16　不同色调的红珊瑚枝

图7-17　金珊瑚枝

图7-18　黑珊瑚枝

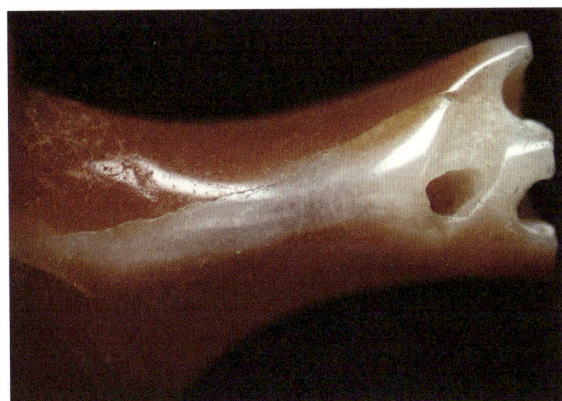

图7-19　红珊瑚抛光面呈玻璃光泽

（6）摩氏硬度：钙质珊瑚是3～4.5，角质珊瑚是2～3。

（7）密度：钙质珊瑚，2.65（±0.05）g/cm³；角质珊瑚，1.35（+0.77，−0.05）g/cm³。

（8）折射率：钙质珊瑚点测法常为1.48～1.66，角质珊瑚点测法常为1.56～1.57（±0.01）。

（9）荧光观察：钙质珊瑚的白色珊瑚呈无至强的蓝白色荧光，浅（粉、橙）红色至红色珊瑚为无荧光至橙（粉）红色荧光，深红色珊瑚为无荧光至暗（紫）红色荧光。角质珊瑚：通常无荧光。

（10）放大检查：钙质珊瑚的纵面具颜色和透明度稍有不同的平行条带，波状构造；横截面具同心层状和放射状构造。角质珊瑚的纵面表层有时可具丘疹状外观，横截面具同心层状或年轮状构造。（图7-20至图7-25）

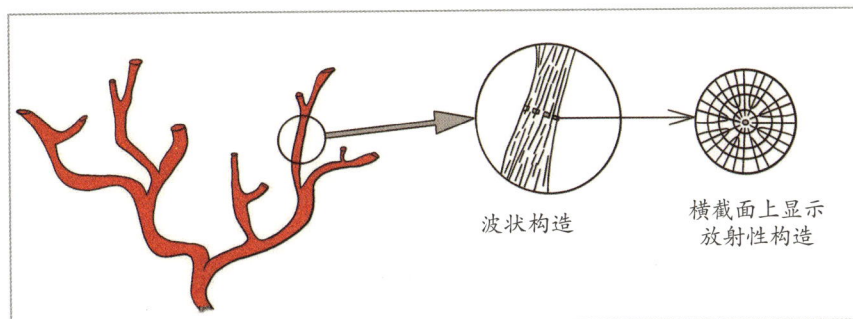

波状构造

横截面上显示
放射性构造

图7-20　钙质珊瑚的枝形及纹路

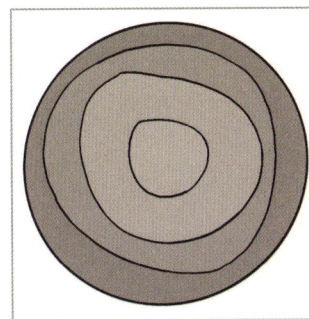

图7-21　角质珊瑚横截面的同心
环，似年轮状构造

图7-22　黑珊瑚横截面的同心环

图7-23　红珊瑚的横截面具同心层状和放射状构造

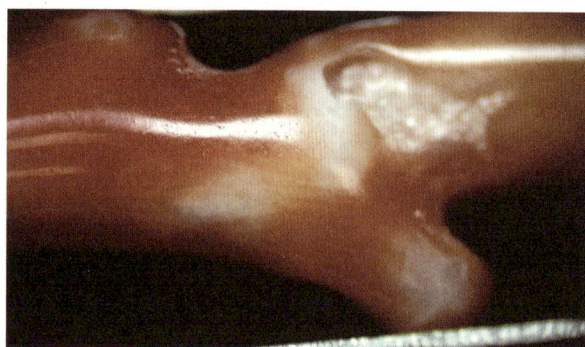

图7-24　红珊瑚的纵面具平行条带

图7-25　金珊瑚表层的丘疹状外观

（11）特殊性质：钙质珊瑚遇盐酸起泡，角质珊瑚遇盐酸无反应。

二、珊瑚的品种

1. 钙质珊瑚

红珊瑚（贵珊瑚）：浅至暗色调的红色、橙红色，是由于珊瑚在生长过程中吸收海水中少量的氧化铁而成。白珊瑚：通常为白色、灰白色、乳白色。主要用于盆景工艺或染色原料。蓝珊瑚：浅蓝色、蓝色，是极稀少的品种。

2. 角质珊瑚

黑珊瑚：灰黑色、黑色，几乎全部由角质组成。金珊瑚：金黄色、黄褐色，有时表面具有独特的丝绢光泽。

三、珊瑚的产地

中国台湾地区是当代宝石级红珊瑚最重要的产地，占世界总产量的60%。（图7-26、图7-27）主要来自钓鱼岛附近，中国台湾与菲律宾之间的巴士海峡，澎湖县至中国香港间的海域，及美国关岛、中途岛等太平洋诸岛海域。

日本和意大利也是宝石级红珊瑚产地，其中意大利那不勒斯是著名的红珊瑚加工地。蓝珊瑚、黑珊

图7-26　珊瑚枝摆件（摄于绮丽珊瑚有限公司）

图7-27　珊瑚雕刻工艺品（摄于绮丽珊瑚有限公司）

瑚主要分布在大西洋地中海海域。白珊瑚主要分布在中国南海海域、澎湖海域，以及菲律宾海域和琉球群岛海域。

第三节　琥珀

　　琥珀是天然树脂经过石化作用的产物。我国古代将琥珀称为"虎魄"，意为老虎的魂魄，暗示佩戴琥珀有辟邪保身、镇宅安神的功能。而在欧洲，琥珀的文化也非常悠久，欧洲人对琥珀的痴迷一如中国人对玉的钟情。古时候欧洲人用非常大颗的琥珀珠串成婚礼项链，是结婚时必备的贵重珠宝，也是情人间互赠的信物。琥珀除用作饰物外，还是名贵的中药。（图7-28至图7-30）

图7-28　缅甸市场的琥珀珠串

图7-29　琥珀珠串

图7-30　蜜蜡俏色雕件《连年有余》

一、琥珀的性质

（1）化学成分：主要组成元素为碳（C）、氢（H）、氧（O），可含硫（S）、铝（Al）、镁（Mg）、钙（Ca）、硅（Si）、铜（Cu）、铁（Fe）、锰（Mn）等微量元素。

（2）结晶状态：非晶质体。

（3）颜色：浅黄色、黄色至深棕红色、白色等色，少见绿色。

（4）光泽：树脂光泽。

（5）摩氏硬度：2～2.5。

（6）密度：1.08（＋0.02，−0.12）g/cm^3。

（7）光性特征：均质体，常见由应力产生的异常消光和干涉色。

（8）折射率：点测法常为1.54。琥珀受热或长时间放置在空气中，表面因氧化而颜色变深，同时折射率值也会变大。

（9）荧光观察：长波由弱至强，呈蓝色、蓝白色、紫蓝色、黄绿色至橙黄色荧光；短波由弱至无荧光。

（10）放大检查：气泡，流动纹，点状包体，片状裂纹，矿物包体，昆虫包体，动物、植物包体（或碎片），其他有机和无机包体。（图7-31至图7-33）

（11）特殊性质：热针接触可熔化，有芳香味；摩擦可带电。

图7-31
琥珀的太阳光芒

图7-32
琥珀的昆虫、植物、气泡

图7-33
琥珀的植物种子包体

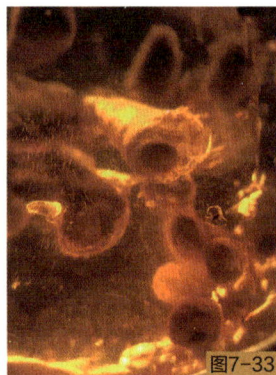

二、琥珀的品种

（1）蜜蜡：半透明至不透明的琥珀。

（2）血珀：棕红色至红色透明的琥珀。

（3）金珀：黄色至金黄色透明的琥珀。

（4）绿珀：浅绿色至绿色透明的琥珀，较稀少。

（5）蓝珀：透视观察琥珀体为黄色、棕黄色、黄绿色和棕红色等色，自然光下呈现独特的不同色调的蓝色，紫外光下更明显。

（6）虫珀：包含有昆虫或其他生物的琥珀。

（7）植物珀：包含有植物（如花、叶、根、茎、种子等）的琥珀。

三、琥珀的产地

琥珀盛产地有波罗的海沿海国家包括波兰、德国、丹麦、爱沙尼亚和立陶宛等国。目前，在罗马尼亚、意大利的西西里岛、英国、新西兰、缅甸、美国、加拿大等国均有产出。我国的琥珀主要产于辽宁抚顺煤田中，且有大量优质虫珀产出。（图7-34至图7-36）

图7-34　蜜蜡项链　　图7-35　"鸡油黄"蜜蜡吊坠　　图7-36　"金包蜜"琥珀吊坠

第四节　象牙与猛犸象牙

象牙一般专指大象的前门牙（广义包括各种牙类）。象牙作为装饰品源远流长，从新石器时代到明清时期，从亚洲到欧洲，均有象牙使用的记载。然而，人们为了获取象牙，大量残忍地杀害了很多大象，由此引发濒危动物灭绝的忧患。因此，在1992年年底濒临绝种野生动植物国际贸易公约（CIETS）发出针对销售和交易象牙的禁令。（图7-37）

猛犸象牙，作为一种化石象牙，是埋藏于地下千万年的史前长毛象的牙齿。象牙禁止销售后，猛犸象牙作为一种替代品，近几年逐渐受到人们的喜爱。

图7-37　象牙雕刻品（广东省博物馆藏）

一、象牙的性质

（1）化学成分：主要成分为羟基磷酸钙和胶原蛋白。

（2）结晶状态：无机成分为隐晶质集合体，有机成分为非晶质体。

（3）颜色：白色至浅黄色。

（4）光泽：油脂光泽至蜡状光泽。

（5）摩氏硬度：2～3。

（6）密度：1.70 g/cm^3～2.00 g/cm^3。

（7）折射率：点测法常为1.53～1.54。

（8）荧光观察：弱至强，呈蓝白色或紫蓝色荧光。

（9）放大检查：波状纹理、引擎纹状纹理。（图7-38至图7-40）

（10）特殊性质：硝酸、磷酸能使其变软。

图7-38
象牙和猛犸象牙中可见
相似的引擎纹状纹理

图7-39
象牙横截面的引擎纹状
纹理

图7-40
纵截面的波状纹理

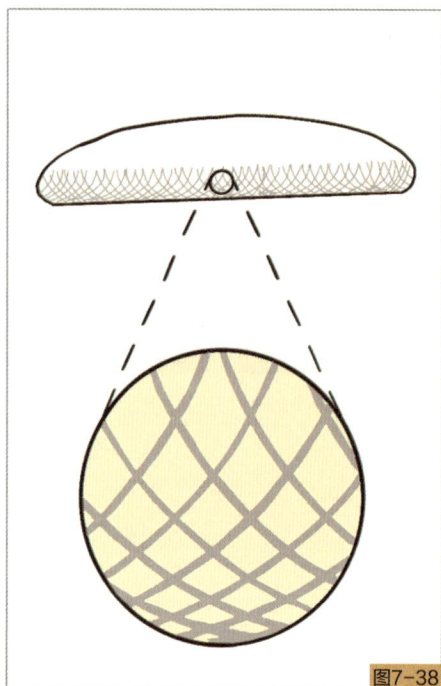

二、猛犸象牙的性质

（1）化学成分：主要成分为羟基磷酸钙和胶原蛋白；随石化程度增强，胶原蛋白逐渐减少。

（2）结晶状态：无机成分为隐晶质集合体，有机成分为非晶质体。

（3）颜色：浅黄白色至浅黄色、棕褐色，牙皮常呈棕黄色至棕褐色、褐蓝色。

（4）光泽：油脂光泽至蜡状光泽，风化程度高的可呈土状光泽。

（5）摩氏硬度：2～3。随石化程度增强，硬度逐渐增加。

（6）密度：1.69 g/cm^3～1.81 g/cm^3。

（7）折射率：点测法常为1.52～1.54。

（8）荧光观察：弱至强，呈蓝白色或紫蓝色荧光。

（9）吸收光谱：无特征吸收光谱。

（10）放大检查：波状纹理、引擎纹状纹理，两组牙纹指向牙心的最大夹角通常小于100°；有"水印"（表面颜色深浅变化斑驳分布的现象），风化表皮。（图7-41、图7-42）

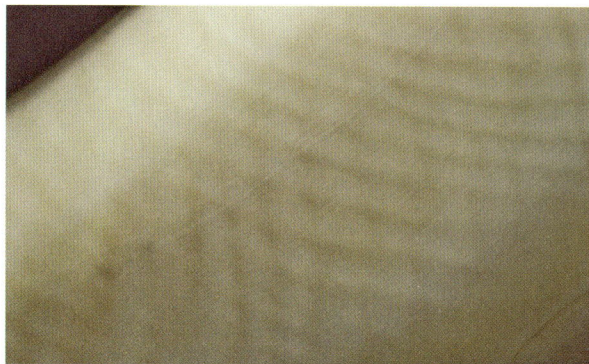

图7-41　猛犸象牙的引擎纹状纹理，最大夹角小于100°

图7-42　猛犸象牙的风化表皮

（11）特殊性质：硝酸、磷酸能使其变软。

三、产地

象牙主要产于非洲，以坦桑尼亚潘加里附近产的象牙质量最佳，其次是亚洲的泰国、缅甸和斯里兰卡。我国法律已明确规定，严禁买卖象牙。

猛犸象牙发现于阿拉斯加和西伯利亚的冻土和冰层里，是几百万年前冰河时期的长毛象和乳齿象的牙齿，猛犸在距今1万年前已经灭绝了。现在主要产自俄罗斯北部及西伯利亚。

小知识：其他象牙类

国际上的象牙，除了象牙和猛犸象牙外，还有河马牙、海象牙和一角鲸长牙，公野猪牙和抹香鲸牙等也可以统称为象牙类。其中，河马牙的横截面显示出排列密集，略呈细波纹状同心线，其形状有圆形、方形、三角形，除弯曲三角形牙外，其余全部为实心状。海象牙：牙的结构分为线的内外两部分，内部具有独特的大理石状或瘤状外观。（图7-43、图7-44）公野猪牙：横截面几乎为三角形，并且牙的部分是中空的。

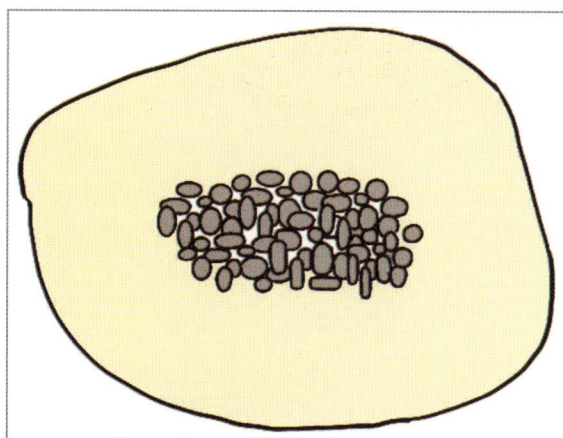

图7-43　海象牙横截面素描图

图7-44　海象牙标本

第五节 龟甲（玳瑁）

龟甲具有美丽的斑纹，半透明至微透明，有很好的韧性和加工性能，因此被制成各种工艺品。其中玳瑁工艺品色似琥珀，具有很高的装饰价值和收藏价值。

由于历年的捕捉，玳瑁已经成为珍稀的海洋动物，被列为国家二级保护动物。（图7-45）

一、龟甲的性质

（1）化学成分：蛋白质等有机质，主要元素为碳（C）、氢（H）、氧（O）、氮（N）。

（2）结晶状态：非晶质体。

（3）颜色：有黄色和棕色斑纹，有时黑色或白色。玳瑁的龟甲常称为玳瑁。（图7-46、图7-47）

（4）光泽：暗淡，油脂光泽至蜡状光泽。

（5）解理：无解理。

（6）摩氏硬度：2～3。

（7）密度：1.29（+0.06，−0.03）g/cm^3。

（8）光性特征：均质体。

（9）折射率：点测法常为1.54～1.55。

（10）双折射率：无。

图7-45
玳瑁标本

图7-46
龟甲（玳瑁）的颜色

图7-47
龟甲（玳瑁）的球状颗粒
组成的斑纹结构

图7-45

图7-46

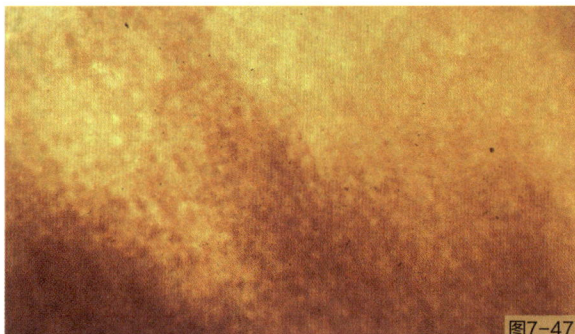
图7-47

（11）荧光观察：无色、黄色，部分呈蓝白色荧光。

（12）放大检查：球状颗粒组成斑纹结构。

（13）特殊性质：硝酸能溶，不与盐酸反应；热针接触可熔化，有头发烧焦的气味；沸水中变软。

二、玳瑁的产地

玳瑁主要栖息在热带和亚热带地区的海水中，生活在水深15m～18m处。主要产地有印度洋、太平洋和加勒比海。

第六节　煤精

煤精是褐煤的一个变种，是树木埋藏在地下深处成煤作用的产物。煤精作为珠宝工艺品，在我国具有悠久的历史。1973年，在沈阳市新乐新石器时代文化遗址发现有煤精耳珰形器、煤精珠等文物。19世纪时，煤精作为治丧珠宝，广泛用作悼念死者的宝石，煤精至今仍然是西方流行的珠宝饰品之一。（图7-48、图7-49）

一、煤精的性质

（1）化学成分：主要元素为碳（C），可含氢（H）、氧（O）。

（2）结晶状态：非晶质体。

（3）颜色：黑色、褐黑色。

（4）光泽和透明度：具明亮的树脂光泽，抛光后可呈玻璃光泽，不透明。

（5）摩氏硬度：2～4。

（6）密度：1.32（±0.02）g/cm^3。

图7-48　煤精原石及戒面

图7-49　煤精的原石及断面的树脂光泽

（7）折射率：点测为1.66（±0.02）。

（8）荧光观察：无。

（9）放大检查：外部可见贝壳状断口，条带状构造，有时可见木纹。

（10）特殊性质：可燃烧，热针接触或烧后有煤烟味，摩擦带电，条痕呈褐色。加热到100℃～200℃时质地变软，并可弯曲。条痕呈褐色。

二、煤精的产地

煤精在世界各地都有产出，法国的朗格多克，英国的约克郡，西班牙的阿拉贡都是久负盛名的产地。此外，意大利、加拿大、中国都有煤精产出。

第七节　贝壳

贝壳是很多贝类、蚌类、海螺类等软体动物所具有的钙质硬壳。人类对贝壳的使用历史可以追溯到新石器时代，它是较早用作饰品的宝石之一，也曾作为钱币流通过。贝壳在英国维多利亚时代常作为浮雕制品，沿用至今。现代很多奢侈品首饰也常见到贝壳的身影。

一、贝壳的性质

（1）化学成分：与珍珠类似。无机成分：分子式$CaCO_3$，主要以文石、方解石形式存在；有机成分：蛋白质等有机质，主要元素为碳（C）、氢（H）、氧（O）、氮（N）。

（2）颜色：白色、灰色、黑色、棕色、黄色、粉色等色。

（3）光泽：油脂光泽至珍珠光泽。

（4）摩氏硬度：3～4。

（5）密度：2.86（+0.03，−0.16）g/cm^3。

（6）折射率：点测法常为1.53～1.68。

（7）荧光观察：因颜色或贝壳种类而异。

（8）放大检查：层状结构，表面叠复层结构，局部可见火焰状纹理。（图7-50）

（9）特殊光学效应：晕彩效应。（图7-51）

（10）特殊性质：遇盐酸起泡。

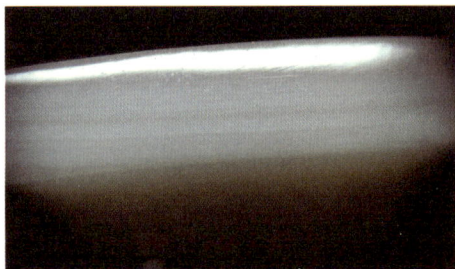
图7-50　贝壳的层状结构

图7-51　新西兰鲍鱼贝壳的晕彩效应

二、贝壳的品种

贝壳品种很多，据悉约有11万种，主要取自海水及淡水中腹足类和瓣鳃类软体动物坚实美丽的钙质外壳。

　　其中，可作为饰品的贝壳有砗磲贝、鲍鱼贝、三角帆蚌、黑蝶贝、白蝶贝等。（图7-52至图7-58）

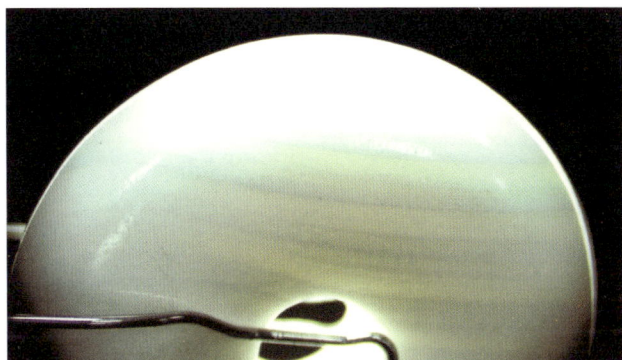
图7-52　砗磲饰品的条带状结构

图7-53　某些贝壳可见似海螺珠的火焰状纹理

图7-54　金蝶贝

图7-55　贝壳的珍珠光泽

图7-56　螺壳及螺壳制品

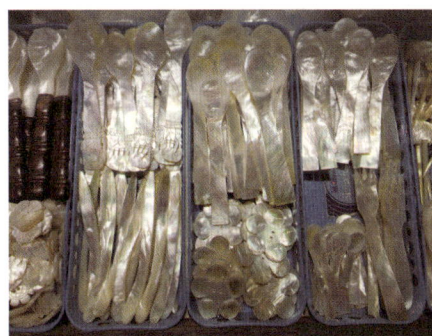
图7-57　贝壳制品，珍珠光泽及晕彩

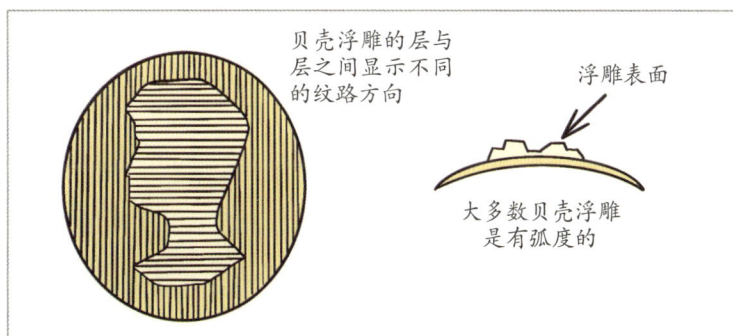
图7-58　国际上常见贝壳的浮雕作品

三、课后习题与思考

1. 请描述珍珠、珊瑚的表面特征。

2. 请简述琥珀的宝石学特征。

3. 请结合示意图描述贝壳、象牙的放大特征。

8

第八章

仿宝石的鉴定

章节前导
Chapter preamble

课程重点：

仿宝石具有与模仿对象相似的颜色和外观，但不具有所仿宝石的成分、物理性质和晶体结构。人们常用价格低廉、产出量大的天然宝石仿天然的高档宝石，如红色石榴石仿红宝石；或者用合成宝石和人造宝石仿天然宝石，如合成蓝色尖晶石仿天然蓝宝石等。同时，市场上常出现玻璃、塑料等各类产品仿天然宝玉石，极易引起混淆。

本章学习重点：

玻璃、塑料、合成立方氧化锆的性质与鉴定特征。

用于模仿某一种天然珠宝玉石的颜色、特殊光学效应等外观特征的珠宝玉石或其他材料，称为仿宝石。依据定义，仿宝石可以是天然宝玉石仿另一种天然宝玉石，也可以是人工制品仿天然宝玉石。由于市场玻璃、塑料等人工材料鱼龙混杂，常常迷惑消费者，扰乱市场，因此，本章重点讨论的是玻璃和塑料用于仿制天然宝玉石的实例。例如：用玻璃仿水晶，用塑料仿琥珀，合成立方氧化锆仿钻石等。

第一节　玻璃

玻璃是万能仿制品，一种最古老的也是仿制宝玉石品种最多的材料。目前市场上出现仿透明宝石的玻璃，叫玻璃拼合石；仿玛瑙、玉髓、和田玉、翡翠等玉石外观的玻璃；仿欧泊的玻璃制品，以前叫"斯洛卡姆石"；砂金玻璃；玻璃猫眼；等。因此在鉴定时要警惕玻璃仿宝玉石的出现。（图8-1至图8-3）

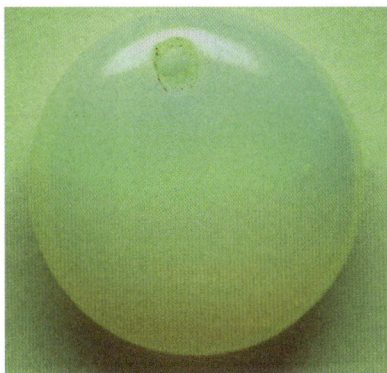

图8-1　玻璃仿玛瑙　　　　　　图8-2　玻璃仿月光石或蛋白石　　　　　图8-3　玻璃雕件仿玉石

（1）结晶状态：非晶质体，由于熔融的物质快速冷却，原子结构呈无序排列，无固定的熔点。

（2）化学成分：主要为二氧化硅（SiO_2），可含有钠（Na）、铁（Fe）、铝（Al）、镁（Mg）、钴（Co）、铅（Pb）、稀土元素等元素。加铅的玻璃可提高色散和亮度，但硬度降低，相对密度增大。

（3）颜色：各种颜色。

（4）光泽：玻璃光泽。

（5）解理：无解理。

（6）摩氏硬度：通常为5～6。

（7）密度：通常为$2.30g/cm^3$～$4.50g/cm^3$。

（8）光性特征：均质体，常见异常光性。（图8-4）

（9）多色性：无。

（10）折射率：1.470～1.700（含稀土元素玻璃1.80±）。

（11）双折射率：无。

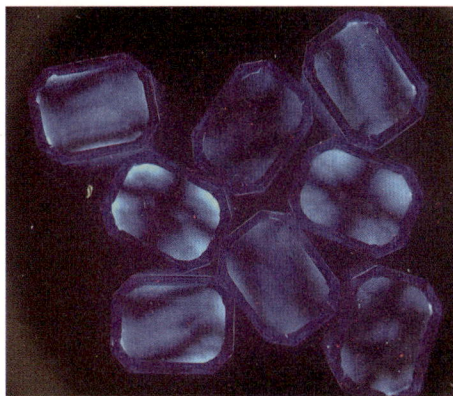

图8-4　正交偏光下，玻璃的异常消光

（12）荧光观察：弱至强，因颜色而异。通常短波强于长波。

（13）吸收光谱：因致色元素而异。以钴玻璃为典型。

（14）放大检查：气泡，拉长的空管，流动线，橘皮效应，浑圆状刻面棱线，脱玻化结构，蜂窝状构造。（图8-5至图8-11）

（15）特殊光学效应：砂金效应、猫眼效应、变色效应、光彩效应、晕彩效应、变彩效应、星光效应。（图8-12、图8-13）

图8-5　玻璃中的流动线

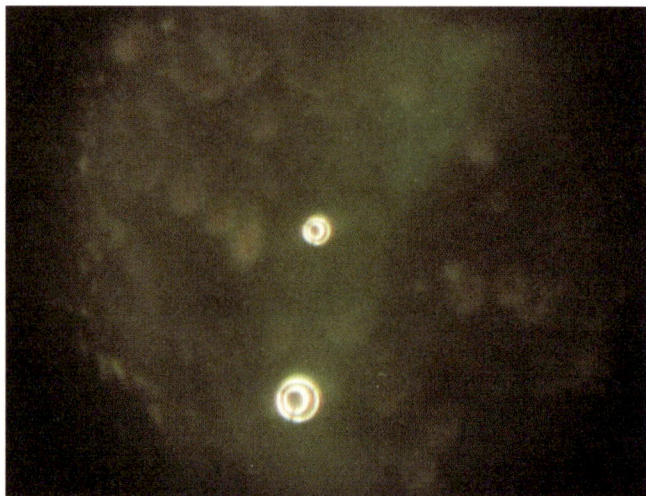

图8-6　玻璃的气泡

图8-7　有时抛光表面可见气泡的气孔

图8-8　玻璃的空管

图8-9　玻璃猫眼的蜂窝状构造

图8-10　砂金玻璃内部可见大量几何形态的金属片和气泡

图8-11　脱玻化玻璃仿翡翠，横断面上的细小锥晶

图8-12　各色玻璃猫眼

图8-13　玻璃仿日光石砂金效应

第二节　塑料

　　塑料是人造有机材料，与绝大多数无机宝石的性质相差较远，但因为塑料的比重、光泽、硬度、导热性等许多物理性质与有机宝石接近，因而常用来仿有机宝石及欧泊等，十分具有迷惑性。（图8-14）常见的塑料有赛璐珞、酚醛树脂、酪朊塑料、有机玻璃和聚苯乙烯。

　　（1）化学成分：主要组成元素为碳（C）、氢（H）、氧（O）。

　　（2）结晶状态：非晶质体。

　　（3）颜色：各种颜色，常见红色、橙黄色、黄色等色。

　　（4）光泽：蜡状光泽、树脂光泽。

　　（5）透明度：透明至不透明。

　　（6）解理：无解理。

　　（7）摩氏硬度：通常为1～3。

　　（8）密度：通常为1.05g/cm^3～1.55g/cm^3。

　　（9）光性特征：均质体。

　　（10）多色性：无。

　　（11）折射率：点测法常为1.46～1.70。

　　（12）双折射率：无

图8-14　塑料仿象牙

　　（13）荧光观察：因致色元素而异。

　　（14）吸收光谱：无特征吸收光谱。

　　（15）放大检查：气泡，流动纹，橘皮效应，浑圆状刻面棱线。（图8-15至图8-16）

　　（16）其他性质：热针接触可熔化，有辛辣味，摩擦带电，触摸温感。

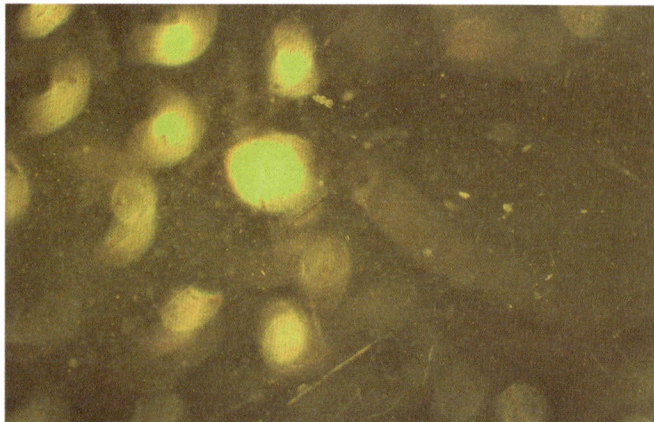

图8-15　塑料内部的絮状包体

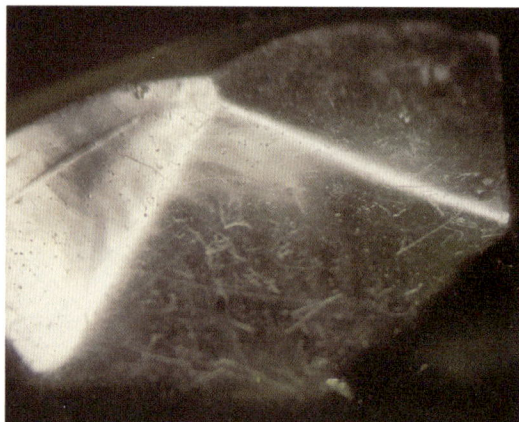

图8-16　塑料的浑圆状刻面棱线

第三节　合成立方氧化锆

　　合成立方氧化锆，无色者为主要仿钻制品，最早由苏联科学家研制而成，故称"苏联钻"，缩写"CZ"。由于合成立方氧化锆生产成本较低，颜色艳丽，性质突出，因此广受时尚饰品行业的青睐，同时也作为各类宝石的优良仿制品。（图8-17至图8-20）

　　（1）化学成分：ZrO_2，常加氧化钙（CaO）或氧化钇（Y_2O_3）等稳定剂及多种致色元素。

　　（2）结晶状态：晶质体。晶系：等轴晶系。晶体习性：块状。

　　（3）颜色：各种颜色，常见无色、粉色、红色、黄色、橙色、蓝色、黑色等色。

　　（4）光泽：亚金刚光泽。

　　（5）解理：无解理。

　　（6）摩氏硬度：8.5。

　　（7）密度：5.80（±0.20）g/cm^3。

　　（8）光性特征：均质体。

　　（9）多色性：无。

　　（10）折射率：2.150（+0.030）。

　　（11）双折射率：无。

　　（12）荧光观察：因颜色而异。无色：短波呈弱至中的黄色荧光；橙黄：长波呈中至强的绿黄色或橙黄色荧光。

　　（13）放大检查：通常洁净，可含未熔氧化锆残余，有时呈面包渣状，或有气泡，外部可见贝壳状断口。（图8-19）

　　（14）特殊性质：色散强（0.060）。（图8-20）

图8-17 各种颜色的合成立方氧化锆

图8-18 梧州人工宝石城的各色合成立方氧化锆晶体

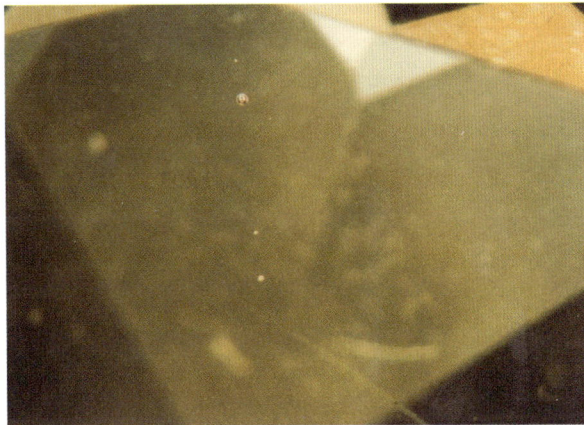

图8-19 合成立方氧化锆的气泡

图8-20 合成立方氧化锆的色散强

课后习题与思考

1. 什么叫仿宝石?

2. 请列举玻璃的关键鉴别特征。

3. 塑料常用来模仿哪一类宝石?

4. 无色的圆钻型刻面合成立方氧化锆常用于仿钻石,其与钻石有何关键区分点?